2021年全国二级建造师执业资格考试

建筑工程管理与实务

［第一批次］

准考证号：________

考生姓名：________

工作单位：________

考生注意事项

1. 答题前，考生须在试题册指定位置上填写工作单位、考生姓名和准考证号；在答题卡指定位置上填写考生姓名和准考证号，并涂写准考证号信息点。
2. 选择题的答案必须涂写在答题卡相应题号的选项上，非选择题的答案必须书写在答题卡指定位置的边框区域内。超出答题区域书写的答案无效；在草稿纸、试题册上答题无效。
3. 填（书）写部分必须使用黑色字迹签字笔或者钢笔书写，字迹工整、笔迹清楚；涂写部分必须使用 2B 铅笔填涂。
4. 考试结束，将答题卡和试题册按规定交回。

一、单项选择题（共20题，每题1分，每题的备选项中，只有1个最符合题意）

1. 在抗震设防烈度8度以上地区，砌体结构转角和交接处不能同时砌筑而又必须留置临时间断处应砌成（　　）。

A. 马牙槎　　B. 斜槎

C. 凸槎　　D. 直槎

2. 基坑内采用深井降水时，水位监测点宜布置在（　　）。

A. 基坑周边拐角处　　B. 基坑中央

C. 基坑周边　　D. 基坑坡顶上

3. 含碳量为0.8%的碳素钢属于（　　）。

A. 低碳钢　　B. 中碳钢

C. 高碳钢　　D. 合金钢

4. 下列装饰装修施工过程，属于对建筑结构增加了线荷载的是（　　）。

A. 在室内增加装饰性石柱　　B. 室内悬挂较大的吊灯

C. 室内增加隔墙　　D. 室内局部增加假山盆景

5. 使用全站仪建立建筑物施工平面控制网，一般采用的测量方法是（　　）。

A. 直角坐标法　　B. 极坐标法

C. 角度交会法　　D. 距离交会法

6. 当受拉钢筋直径大于25mm、受压钢筋直径大于28mm时，不宜采用的钢筋连接方式是（　　）。

A. 绑扎连接　　B. 焊接连接

C. 套筒挤压连接　　D. 直螺纹套筒连接

7. 根据《建设工程施工劳务分包合同（示范文本）》（GF—2003—0214），应由劳务分包人承担的工作费用是（　　）。

A. 提供生产、生活临时设施　　B. 提供现场工程地质资料

C. 完成水、电、热等施工管线及道路　　D. 自身原因造成的质量返工

8. 混凝土工程在冬季施工时正确的做法是（　　）。

A. 采用蒸汽养护时，宜选用矿渣硅酸盐水泥

B. 确定配合比时，宜选择较大的水胶比和坍落度

C. 水泥、外加剂、矿物掺合料可以直接加热

D. 当需要提高混凝土强度等级时，应按提高前的强度等级确定受冻临界强度

9. 下列混凝土掺合料中，属于非活性矿物掺合料的是（　　）。

A. 火山灰质材料　　B. 粉煤灰

C. 钢渣粉　　D. 石灰石

10. 施工现场发生法定传染病时，向工程所在地建设行政主管部门报告的时间要求是（　　）。

A. 1h内　　B. 2h内

C. 4h内　　D. 8h内

11. 防水等级为Ⅰ级的屋面防水工程需要设置（　　）防水设防。

A. 一道　　B. 两道

C. 三道　　D. 四道

12. 硅酸盐水泥的终凝时间不得长于（　　）h。

A. 6.5　　B. 6

C. 7.5　　D. 10

13. 关于一般工程施工顺序的说法，错误的是（　　）。

A. 先地下后地上

B. 先结构后装饰

C. 先围护后主体

D. 先土建后设备

14. 施工现场一级防火作业要由（　　）组织编制防火安全技术方案。

A. 项目负责人　　B. 项目责任工程师

C. 专职安全员　　D. 班组长

15. 预制叠合板吊装工艺流程的主要工作有：①测量放线；②摘钩；③支撑架体调节；④支撑架体搭设；⑤叠合板起吊与落位；⑥叠合板位置、标高确认。正确的吊装顺序是（　　）。

A. ①②③④⑤⑥　　B. ①③⑤⑥④②

C. ①④③⑤⑥②　　D. ①④③②⑤⑥

16. 工人在10m高的脚手架上作业，根据国家标准，该作业属于（　　）高处作业。

A. 一级　　B. 二级

C. 三级　　D. 四级

17. 钢结构常用的焊接方法中，属于半自动焊接方法的是（　　）。

A. 埋弧焊　　B. 重力焊

C. 非熔化嘴电渣焊　　D. 熔化嘴电渣焊

18. 关于模板拆除的说法，错误的是（　　）。

A. 先支的后拆，后支的先拆

B. 先拆非承重模板，后拆承重模板

C. 从下而上进行拆除

D. 当混凝土强度达到规定要求时，方可拆除底模及支架

19. 钢筋安装时，对受力钢筋品种、级别、规格的检查应满足的数量要求是（　　）。

A. 随机抽查2件　　B. 见证抽查3件

C. 不少于3件　　D. 全数检查

20. 建设单位向城建档案管理部门移交工程档案的时间是工程竣工验收后（　　）内。

A. 2个月　　B. 3个月

C. 5个月　　D. 6个月

二、多项选择题（共 10 题，每题 2 分，每题的备选项中，有 2 个或 2 个以上符合题意，至少有 1 个错项。错选，本题不得分；少选，所选的每个选项得 0.5 分）

21. 下列属于钢筋力学性能的有（　　）。

A. 拉伸性能　　B. 冲击性能
C. 疲劳性能　　D. 焊接性能
E. 弯曲性能

22. 影响钢筋混凝土梁的正截面破坏形式的主要因素有（　　）。

A. 配筋率　　B. 混凝土强度等级
C. 截面形式　　D. 箍筋含量
E. 荷载形式

23. 混凝土拌合物的和易性是一项综合的技术性质，包括（　　）。

A. 流动性　　B. 黏聚性
C. 保水性　　D. 抗渗性
E. 抗冻性

24. 在施工安全技术交底时，需要进行签字确认的人员包括（　　）。

A. 甲方代表　　B. 监理工程师
C. 交底人　　D. 被交底人
E. 专职安全员

25. 投标人编制投标文件时，不得作为竞争性费用的有（　　）。

A. 企业管理费　　B. 规费
C. 税金　　D. 安全文明施工费
E. 风险费

26. 高强度螺栓的连接形式有（　　）。

A. 摩擦连接　　B. 张拉连接
C. 承压连接　　D. 铆接
E. 焊接

27. 基坑土方回填前，应确定的施工参数有（　　）。

A. 回填土料含水率控制范围　　B. 铺土厚度
C. 压实遍数　　D. 边坡坡度
E. 基坑平面位置

28. 下列属于一级动火作业的有（　　）。

A. 储存过易燃液体的容器　　B. 各种受压设备
C. 小型油箱　　D. 比较密封的室内
E. 堆有大量可燃物的场所

29. 强夯地基施工结束后，应进行的检验有（　　）。

A. 总夯沉量的检验　　B. 地基承载力检验
C. 桩身完整性检验　　D. 变形指标检验

E. 被夯地基土质检验

30. 钢结构工程在雨期施工时，正确的做法有（　　）。

A. 高强螺栓应在干燥、封闭环境下储存

B. 焊条储存应防潮并烘烤，同一焊条重复烘烤次数不宜超过 3 次

C. 焊接作业区的相对湿度不大于 90%

D. 构件涂装后，4h 内不得雨淋

E. 若焊缝部位比较潮湿，在焊接前必须用干布擦净并用氧炔焰烤干

三、实务操作和案例分析题（共 4 题，每题 20 分）

（一）

背景资料：

某单位中标一汽车修理厂项目，包括 1 栋 7 层框架结构的办公楼、1 栋钢结构的车辆维修车间及相关配套设施。施工中发生了以下事件：

事件一：维修车间吊车梁设计使用 40mm 厚 Q235 钢板，材料进场后专业监理工程师要求全数抽样复验。施工单位以设计无特殊要求为由拒绝了专业监理工程师的要求。

事件二：维修车间屋面梁设计为高强度螺栓摩擦连接。专业监理工程师在巡检时发现，施工人员正在用钢丝刷人工除锈法处理摩擦面，当螺栓不能自由穿入时，工人现场用气割扩孔，扩孔后部分孔径达到设计螺栓直径的 1.35 倍。

事件三：维修车间主体结构完成后，总监理工程师组织了主体分部验收，质量为合格。

事件四：办公楼外防护架采用扣件式钢管脚手架，搭设示意图如下图所示。

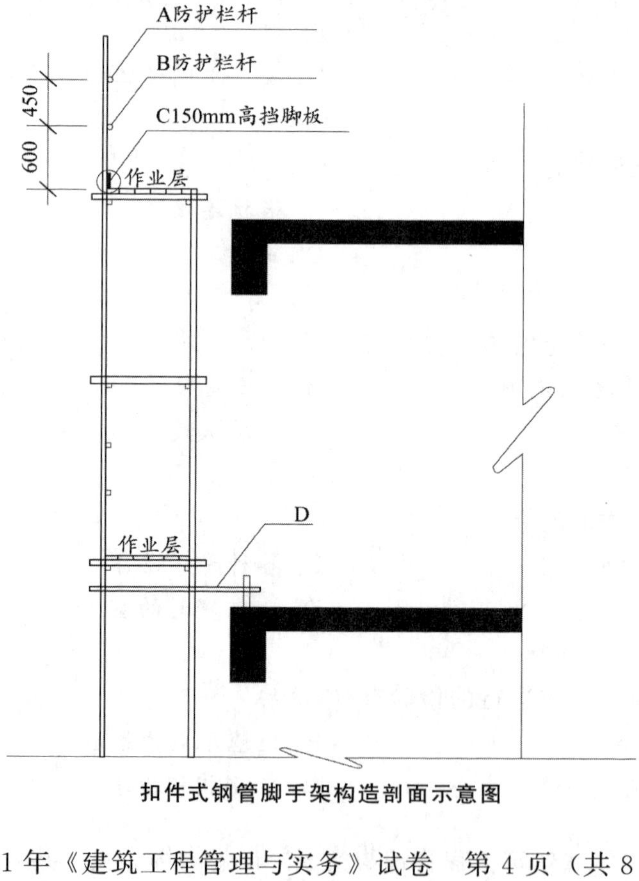

扣件式钢管脚手架构造剖面示意图

问题：

1. 事件一中专业监理工程师的要求是否合理，并说明理由。

2. 指出事件二中错误之处，并说明理由。高强度螺栓连接摩擦面的处理方法还有哪些？

3. 事件三中分部工程质量验收合格的规定是什么？

4. 分别阐述示意图中 A、B、C 做法是否符合要求？写出正确做法。写出 D 的名称。

（二）

背景资料：

某教学楼位于市区居民小区旁，地下 1 层，地上 4 层，建筑面积 22 万 m^2，基础形式为混凝土筏板基础，主体结构为钢筋混凝土框架结构，混凝土强度等级 C30，其内有一阶梯教室，最大跨度 16m，室内结构净高 4.5～10.8m。

事件一：施工单位编制了混凝土模板支撑架工程专项施工方案，并报总监理工程师审批后实施。架体搭设完成后，施工单位项目技术负责人、专项施工方案编制人员、专职安全管理人员和监理工程师进行了验收。

事件二：某日 22：30，市城管执法人员接到群众举报，工地内有产生噪声污染的施工作业，严重影响周边居民的休息。城管执法人员经调查取证后了解到，噪声源为地下室基础底板混凝土浇筑施工，在施工现场围墙处测得噪声为 68.5dB，施工单位办理了夜间施工许可证，并在附近居民区进行了公告。

事件三：某日上午，施工单位在阶梯教室内拆除模板作业时，因工人操作不当，导致模板支撑架坍塌，造成 3 人死亡、2 人重伤，直接经济损失 580 万元，后经调查，拆模工人是当天临时进场，没有参加班前教育培训活动，直接进入现场进行拆除作业，没有系安全带，有工人穿皮鞋工作。

事件四：在主体实体检验时，首层结构有两根柱子的混凝土强度等级为 C28。

问题：

1. 指出事件一中的错误做法，并说明理由。

2. 事件二中，基础底板混凝土浇筑行为是否违法？说明理由。

3. 事件三中，判断该起安全事故等级，并说明理由。在该起生产安全事故中，针对进场拆模工人，施工单位项目部有哪些安全责任未落实？

4. 事件四中，混凝土强度等级为C28的柱子按照规范该如何处理？

（三）

背景资料：

某新建办公楼工程，地下2层，地上20层，建筑面积24万m^2，钢筋混凝土框架剪力墙结构，M公司总承包施工。

事件一： M公司编制了施工进度计划网络图，如下图所示。

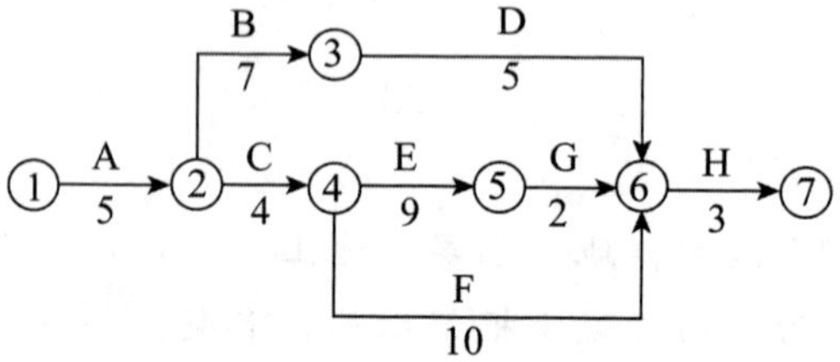

施工进度计划网络图（时间单位：天）

事件二： M公司将施工进度计划网络图报送监理单位后，总监理工程师发现E工作应该在B工作完成后才能开始，要求M公司修改，M公司按监理单位提出的工序要求调整了进度计划，各项工作持续时间不变。

事件三： 监理单位对M公司修改后的施工进度计划进行审核，要求M公司在计划实施中确保修改后的进度计划总工期应与原计划总工期保持不变。原计划各工作相关参数见下表。

相关参数表

工作	最大可压缩时间（天）	赶工费用（元/天）
A	1	3 000
B	2	2 500
C	1	3 000
D	2	1 000
E	2	1 000
F	4	1 000
G	1	1 200
H	1	1 500

事件四： M公司拟在工程施工中推广应用“四新”技术，以加快进度，提高工程质量和安全生产水平。

问题：

1. 写出事件一中施工进度计划的关键线路（以工作表示），并计算总工期。

2. 写出事件二中M公司修改后的进度计划的关键线路（以工作表示），并计算总工期。

3. 事件三中，从赶工费用最优的角度考虑，写出应压缩的工作项，每项工作压缩天数，列式计算所需赶工费用（单元：元）。

4. 在进行工期优化时，选择优化对象应考虑哪些因素？

5. 事件四中，“四新”技术是指哪四个方面的内容？

（四）

背景资料：

建设单位A与总承包公司B于5月30日签订了某科研实验楼的总承包合同，合同中约定了变更工作事项。B公司编制施工组织设计与进度计划，并获得监理工程师批准。

B公司将工程桩分包给C公司，并签订了分包合同，施工内容为混凝土灌注桩600根，桩直径600mm，桩长20m，混凝土充盈系数1.1。分包合同约定，6月18日开工，7月17日完工，打桩工程直接费单价为280元/m^3，综合费率为直接费的20%。

在施工过程中发生了下列事件：

事件一： 由于C公司桩机故障，C公司于6月16日以书面形式向B公司提交了延期开工申请，工程于6月21日开工。

事件二： 由于建设单位图纸原因，监理工程师发出6月25日开始停工、6月27日复工指令。7月1日开始连续下一周罕见大雨，工程桩无法施工，停工7天。

事件三： 7月10日，由于建设单位图纸变更，监理工程师下达指令，增加100根工程桩

(桩型同原工程桩)。B公司书面向监理工程师提出了工程延期及变更估价申请。

问题：

1. 事件一中，C公司提出的延期申请是否有效？说明理由。

2. 事件二中，工期索赔是否成立？说明理由。如果成立，索赔工期为多少天？

3. 事件三中，可索赔工期多少天？列出计算式。合理的索赔金额是多少（保留小数点后两位）？列出计算式。工程桩直接费单价是否可以调整？说明理由。

参考答案及解析

一、单项选择题

1. B【解析】砖砌体的转角处和交接处应同时砌筑，严禁无可靠措施的内外墙分砌施工。在抗震设防烈度为 8 度及 8 度以上地区，对不能同时砌筑而又必须留置的临时间断处应砌成斜槎，普通砖砌体斜槎水平投影长度不应小于高度的 2/3，多孔砖砌体的斜槎长高比不应小于 1/2。斜槎高度不得超过一步脚手架的高度。

2. B【解析】基坑内采用深井降水时，水位监测点宜布置在基坑中央和两相邻降水井的中间部位；采用轻型井点、喷射井点降水时，水位监测点宜布置在基坑中央和周边拐角处。基坑外地下水位监测点应沿基坑、被保护对象的周边或在基坑与被保护对象之间布置，监测点间距宜为 20～50m。

3. C【解析】钢材按化学成分分为碳素钢和合金钢两大类。碳素钢根据含碳量又可分为低碳钢（含碳量小于 0.25%）、中碳钢（含碳量 0.25%～0.6%）和高碳钢（含碳量大于 0.6%）。

4. C【解析】装饰装修施工过程中常见的荷载变动主要有：①在楼面上加铺任何材料属于对楼板增加了面荷载；②在室内增加隔墙、封闭阳台属于增加了线荷载；③在室内增加装饰性的柱子，特别是石柱，悬挂较大的吊灯，房间局部增加假山盆景，这些装修做法就是对结构增加了集中荷载。

5. B【解析】建筑物施工平面控制网，应根据建筑物的设计形式和特点布设，一般布设成十字轴线或矩形控制网，也可根据建筑红线定位。平面控制网的主要测量方法有直角坐标法、极坐标法、角度交会法、距离交会法等。随着全站仪的普及，一般采用极坐标法建立平面控制网。

6. A【解析】当受拉钢筋直径大于 25mm、受压钢筋直径大于 28mm 时，不宜采用绑扎搭接接头。

7. D【解析】除非合同另有约定，工程承包人完成劳务分包人施工前期的下列工作并承担相应费用：①向劳务分包人交付具备本合同项下劳务作业开工条件的施工场地；②完成水、电、热、电讯等施工管线和施工道路，并满足完成本合同劳务作业所需的能源供应、通信及施工道路畅通；③向劳务分包人提供相应的工程地质和地下管网线路资料；④完成办理下列工作手续，包括各种证件、批件、规费，但涉及劳务分包人自身的手续除外；⑤向劳务分包人提供相应的水准点与坐标控制点位置；⑥向劳务分包人提供生产、生活临时设施。劳务分包人应承担由于自身责任造成的质量修改、返工、工期拖延等引起的损失。

8. A【解析】冬期施工配制混凝土宜选用硅酸盐水泥或普通硅酸盐水泥。采用蒸汽养护时，宜选用矿渣硅酸盐水泥。

9. D【解析】非活性矿物掺合料一般与水泥组分不起化学作用，或化学作用很小，如磨细石英砂、石灰石、硬矿渣之类材料。活性矿物掺合料虽然本身不水化或水化速度很慢，但能与水泥水化生成的 $Ca(OH)_2$ 反应，生成具有水硬性的胶凝材料。如粒化高炉矿渣、火山灰质材料、粉煤灰、硅粉、钢渣粉、磷渣粉等。

10. B【解析】施工现场应结合季节特点，做好作业人员的饮食卫生和防暑降温、防寒取暖、防煤气中毒、防疫等各项工作。如发生法定传染病、食物中毒或急性职业中毒时，必须在 2h 内向所在地建设行政主管部门和有关部门报告，并应积极配合调查处理；同时法定传染病应及时进行隔离，由卫生防疫部门进行处置。

11. B【解析】屋面防水等级和设防要求：Ⅰ级（重要建筑和高层建筑），两道防水设防；Ⅱ级（一般建筑），一道防水设防。

12. A 【解析】水泥的凝结时间分初凝时间和终凝时间。初凝时间是从水泥加水拌合起至水泥浆开始失去可塑性所需的时间；终凝时间是从水泥加水拌合起至水泥浆完全失去可塑性并开始产生强度所需的时间。国家标准规定，六大常用水泥的初凝时间均不得短于 45min，硅酸盐水泥的终凝时间不得长于 6.5h，其他五类常用水泥的终凝时间不得长于 10h。

13. C 【解析】一般工程施工顺序的规定："先准备、后开工""先地下、后地上""先主体、后围护""先结构、后装饰""先土建、后设备"。

14. A 【解析】一级动火作业由项目负责人组织编制防火安全技术方案，填写动火申请表，报企业安全管理部门审查批准后，方可动火。

15. C 【解析】预制叠合板吊装工艺流程：测量放线→支撑架体搭设→支撑架体调节→叠合板起吊→叠合板落位→位置、标高确认→摘钩。

16. B 【解析】根据国家标准规定，建筑施工高处作业分为四个等级：①高处作业高度在 2～5m 时，划定为一级高处作业，其坠落半径为 2m；②高处作业高度在 5～15m 时，划定为二级高处作业，其坠落半径为 3m；③高处作业高度在 15～30m 时，划定为三级高处作业，其坠落半径为 4m；④高处作业高度大于 30m 时，划定为四级高处作业，其坠落半径为 5m。

17. B 【解析】建筑钢结构常用焊接方法如下图所示。

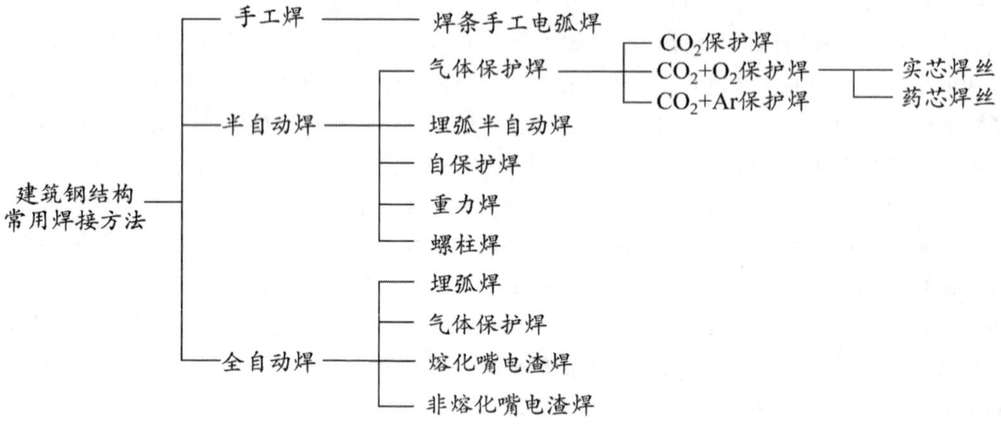

18. C 【解析】模板拆除时，拆模的顺序和方法应按模板的设计规定进行。当设计无规定时，可采取先支的后拆、后支的先拆，先拆非承重模板、后拆承重模板的顺序，并应从上而下进行拆除；当混凝土强度达到设计要求时，方可拆除底模及支架。

19. D 【解析】钢筋安装时，受力钢筋的品种、级别、规格和数量必须符合设计要求，并全数检查。

20. B 【解析】建设单位在工程竣工验收后 3 个月内，必须向城建档案管理机构移交一套符合规定的工程档案。

二、多项选择题

21. ABC 【解析】钢材的主要性能包括力学性能和工艺性能。其中力学性能是钢材最重要的使用性能，包括拉伸性能、冲击性能、疲劳性能。

22. ABC 【解析】钢筋混凝土梁的正截面破坏形式与配筋率、混凝土强度等级、截面形式等有关，影响最大的是配筋率。

23. ABC 【解析】和易性是一项综合的技术性质，包括流动性、黏聚性和保水性三方面的含义。

24. CDE 【解析】安全技术交底应由交底人、被交底人、专职安全员进行签字确认。

25. BCD 【解析】措施费应根据招标文件中的措施费项目清单及投标时拟定的施工组织设计或施工方案自主确定，但是措施项目清单中的安全文明施工费应按照不低于国家或省级、行业建设主管部门规定标准的 90%计价，不得作为竞争性费用。规费和税金应按国家或省级、行业建设主管部门的规定计算，不得作为竞争性费用。

26. ABC 【解析】高强度螺栓按连接形式通常分为摩擦连接、张拉连接和承压连接等，其中摩擦连接是目前广泛采用的基本连接形式。

27. ABC 【解析】土方回填前，应根据工程特点、土料性质、设计压实系数、施工条件等合理选择压实机具，并确定回填土料含水率控制范围、铺土厚度、压实遍数等施工参数。

28. ABDE 【解析】施工现场动火等级的划分及内容见下表。

分类	内容	组织编制者	审查批准
一级动火	(1) 禁火区域内 (2) 油罐、油箱、油槽车和储存过可燃气体、易燃液体的容器及与其连接在一起的辅助设备 (3) 各种受压设备 (4) 危险性较大的登高焊、割作业 (5) 比较密封的室内、容器内、地下室等场所 (6) 现场堆有大量可燃和易燃物质的场所	项目负责人	企业安全管理部门
二级动火	(1) 在具有一定危险因素的非禁火区域内进行临时焊、割等用火作业 (2) 小型油箱等容器 (3) 登高焊、割等用火作业	项目责任工程师	项目安全管理部门和项目负责人
三级动火	在非固定的、无明显危险因素的场所进行用火作业	所在班组	项目责任工程师和项目安全管理部门

29. BD 【解析】强夯地基施工结束后，应进行地基承载力、地基土的强度、变形指标及其他设计要求指标检验。

30. ACDE 【解析】钢结构工程雨期施工预案：①施工现场应设置专门的构件堆场，场地平整；满足运输车辆通行要求；有电源、水源，排水通畅；堆场的面积满足工程进度需要，若现场不能满足要求时可设置中转场地。露天设置的堆场应对构件采取适当的覆盖措施。②高强螺栓、焊条、焊丝、涂料等材料应在干燥、封闭环境下储存。③雨期由于空气比较潮湿，焊条储存应防潮并进行烘烤，同一焊条重复烘烤次数不宜超过 2 次，并由管理人员及时做好烘烤记录。④焊接作业区的相对湿度不大于 90%；如焊缝部位比较潮湿，必须用干布擦净并在焊接前用氧炔焰烤干，保持接缝干燥，没有残留水分。⑤雨天构件不能进行涂刷工作，涂装后 4h 内不得雨淋；风力超过 5 级时，室外不宜进行喷涂作业。

三、实务操作和案例分析题

(一)

【参考答案】

1. 专业监理工程师的要求合理。

理由：属于下列情况之一的钢材，需要全数抽样复检：

(1) 国外进口钢材。

(2) 钢材混批。

(3) 板厚等于或大于 40mm，且设计有 Z 向性能要求的厚板。

(4) 建筑结构安全等级为一级，大跨度钢结构中主要受力构件所采用的钢材。

(5) 设计有复验要求的钢材。

(6) 对质量有疑义的钢材。

2. (1) 错误之处一：工人现场用气割扩孔。

正确做法：螺栓不能自由穿入时，可采用铰刀或锉刀修整螺栓孔，不得采用气割扩孔。

错误之处二：扩孔后部分孔径达到设计螺栓直径的 1.35 倍。

正确做法：修整或扩孔后的孔径不应超过 1.2 倍螺栓直径。

(2) 高强度螺栓连接摩擦面的处理方法还有喷砂（丸）法、酸洗法、砂轮打磨法。

3. 分部工程质量验收合格应符合下列规定：

(1) 所含分项工程的质量均应验收合格。

(2) 质量控制资料应完整。

(3) 有关安全、节能、环境保护和主要使用功能的抽样检验结果应符合相应规定。

(4) 观感质量应符合要求。

4. (1) A 做法不符合要求，防护栏杆上杆离地高度应为 1.2m。

B 做法符合要求，防护栏杆下杆离地高度应为 0.6m。

C 做法不符合要求，挡脚板高度不应小于 180mm。

(2) D 的名称为连墙件。

(二)

【参考答案】

1. (1) 错误做法一：施工单位编制的专项施工方案报总监理工程师审批后实施。

理由：室内结构净高 4.5～10.8m，混凝土模板支撑架工程搭设高度存在大于等于 8m 的情况，所以其专项施工方案需要组织专家论证。专家论证前，专项施工方案应当通过施工单位审核和总监理工程师审查。

(2) 错误做法二：专项施工方案编制人员、专职安全管理人员和监理工程师进行了验收。

理由：验收人员包括施工单位技术负责人或授权委派的专业技术人员、项目负责人、项目技术负责人、专项施工方案编制人员、项目专职安全生产管理人员及相关人员，监理单位项目总监理工程师及专业监理工程师，有关勘察、设计和监测单位项目技术负责人。

2. 基础底板混凝土浇筑行为违法。

理由：建筑施工过程中，场界环境噪声不得超过《建筑施工场界环境噪声排放标准》，夜间施工场界噪声限值为 55dB。施工现场环境噪声为 68.5dB，大于 55dB。

3. (1) 该起安全事故等级为较大事故。

理由：较大事故，是指造成 3 人以上 10 人以下死亡，或者 10 人以上 50 人以下重伤，或者 1 000 万元以上 5 000 万元以下直接经济损失的事故。

(2) 企业新员工上岗前必须进行三级安全教育，企业新员工须按规定通过三级安全教育和实际操作训练，并经考核合格后方可上岗。企业新上岗的从业人员，岗前培训时间不得少于 24 学时。

4. C28 没有达到设计混凝土强度 C30 的要求。当混凝土结构施工质量不符合要求时，应按下列规定进行处理：①经返工、返修或更换构件、部件的，应重新进行验收；②经有资质的检测机构按国家现行相关标准检测鉴定达到设计要求的，应予以验收；③经有资质的检测机构按国家现行相关标准检测鉴定达不到设计要求，但经原设计单位核算并确认仍可满足结构安全和使用功能的，可予以验收；④经返修或加固处理能够满足结构可靠性要求的，可根据技术处理方案和协商文件进行验收。

（三）

【参考答案】

1\. 施工进度计划的关键线路：A→C→E→G→H。

总工期＝5＋4＋9＋2＋3＝23（天）。

2\. M公司修改后的进度计划的关键线路：A→B→E→G→H。

总工期＝5＋7＋9＋2＋3＝26（天）。

3\. 工作E压缩2天，赶工费＝1 000×2＝2 000（元），

工作G压缩1天，赶工费＝1 200×1＝1 200（元），

所需赶工费＝2 000＋1 200＝3 200（元）。

4\. 选择优化对象应考虑的因素：

（1）缩短持续时间对质量和安全影响不大的工作。

（2）有备用或替代资源的工作。

（3）缩短持续时间所需增加的资源、费用最少的工作。

5\. “四新”技术包括新技术、新工艺、新材料、新设备。

（四）

【参考答案】

1\. C公司提出的延期申请无效。

理由：分包人不能按时开工，应当不迟于本合同协议书约定的开工日期前5d，以书面形式向承包人提出延期开工的理由。

2\. （1）由于建设单位图纸原因，监理工程师发出6月25日开始停工、6月27日开始复工指令。针对此事件的工期索赔成立，可索赔工期2天。

理由：设计图纸属于建设单位应当承担的责任事件。

（2）7月1日开始连续下一周罕见大雨，工程桩无法施工，停工7天。针对此事件的工期索赔成立，可索赔工期7天。

理由：不可抗力事件引起的工期延误应由建设单位承担。

（3）工期索赔合计：2＋7＝9（天）。

3\. （1）分包合同约定，6月18日开工，7月17日完工，可知工期为30天。

分包合同施工内容为混凝土灌注桩600根，可知每天施工桩数＝600/30＝20（根/天）。

因此，事件三中可索赔工期＝100/20＝5（天）。

（2）事件三费用索赔＝3.14×（0.6/2）×（0.6/2）×20×1.1×100×280×（1＋20%）＝208 897.92（元）。

（3）工程桩直接费单价不可以调整。

理由：除专用合同条款另有约定外，变更估价按照本款约定处理：已标价工程量清单或预算书有相同项目的，按照相同项目单价认定。

准考证号：________

考生姓名：________

工作单位：________

2021 年全国二级建造师执业资格考试

建筑工程管理与实务

［第二批次］

考生注意事项

1. 答题前，考生须在试题册指定位置上填写工作单位、考生姓名和准考证号；在答题卡指定位置上填写考生姓名和准考证号，并涂写准考证号信息点。
2. 选择题的答案必须涂写在答题卡相应题号的选项上，非选择题的答案必须书写在答题卡指定位置的边框区域内。超出答题区域书写的答案无效；在草稿纸、试题册上答题无效。
3. 填（书）写部分必须使用黑色字迹签字笔或者钢笔书写，字迹工整、笔迹清楚；涂写部分必须使用 2B 铅笔填涂。
4. 考试结束，将答题卡和试题册按规定交回。

一、单项选择题（共 20 题，每题 1 分，每题的备选项中，只有 1 个最符合题意）

1. 下列建筑物需设置避难层的是（　　）。

A. 建筑高度 120m 的酒店　　B. 建筑高度 90m 的办公楼

C. 建筑高度 80m 的医院　　D. 建筑高度 60m 的住宅

2. 疏散和安全照明应采用的光源是（　　）。

A. 热辐射光源　　B. 瞬间启动光源

C. 混合光源　　D. 短波辐射光源

3. 一般环境中，直接接触土体浇筑的构件，其钢筋的混凝土保护层厚度不应小于（　　）mm。

A. 55　　B. 60

C. 65　　D. 70

4. 下列因素中，对梁的斜截面破坏影响较大的是（　　）。

A. 截面尺寸　　B. 混凝土强度等级

C. 配箍率　　D. 荷载形式

5. 下列水泥中，水化热最大的是（　　）。

A. 硅酸盐水泥　　B. 矿渣水泥

C. 粉煤灰水泥　　D. 复合水泥

6. 在水下环境中使用的砂浆，适宜选用的胶凝材料是（　　）。

A. 石灰　　B. 石膏

C. 水泥　　D. 水泥石灰混合料

7. 能够重复使用、可塑性好、容易封堵各种不规则形状孔洞的是（　　）。

A. 无机防火堵料　　B. 有机防火堵料

C. 防火包　　D. 防火板材

8. 在楼层内测量放线，最常用的距离测量器具是（　　）。

A. 水准仪　　B. 经纬仪

C. 激光铅直仪　　D. 钢尺

9. 下列措施中，不能减小降水对周边环境影响的是（　　）。

A. 砂沟、砂井回灌　　B. 减缓降水速度

C. 基坑内明排水　　D. 回灌井点

10. 有框玻璃板隔墙施工的工艺顺序是（　　）。

A. 嵌缝打胶→墙位放线→安装框架→安装玻璃

B. 墙位放线→安装玻璃→嵌缝打胶→安装框架

C. 墙位放线→安装框架→安装玻璃→嵌缝打胶

D. 墙位放线→嵌缝打胶→安装框架→安装玻璃

11. 当日平均气温高于 30℃时，混凝土的入模温度不应高于（　　）。

A. 20℃　　B. 25℃

C. 30℃　　D. 35℃

12. 发包人提出设计变更时，向承包人发出变更指令的是（　　）。

A. 监理人　　B. 发包人

C. 设计人　　D. 承包人

13. 下列作业中，属于二级动火作业的是（　　）。

A. 危险性较大的登高焊、割作业　　B. 一般性登高焊、割作业

C. 有易燃物场所的焊接作业　　D. 有限空间内焊接作业

14. 高度超过 24m 的建筑工程，临时消防竖管的管径不小于（　　）。

A. *DN*40　　B. *DN*50

C. *DN*65　　D. *DN*75

15. 下列施工作业中，易产生手臂振动职业病的是（　　）。

A. 油漆作业　　B. 风钻作业

C. 电焊作业　　D. 模板作业

16. 现场临时用电施工组织设计的组织编制者是（　　）。

A. 项目经理　　B. 项目技术负责人

C. 土建工程技术人员　　D. 电气工程技术人员

17. 正三角形边框是黑色、背景为黄色、图形是黑色的标志是（　　）。

A. 警告标志　　B. 禁止标志

C. 指令标志　　D. 提示标志

18. 物料提升机安装至 31m 高度时，保证其整体稳定的方法是（　　）。

A. 缆风绳　　B. 警报装置

C. 防护门　　D. 连墙杆做刚性连接

19. 组织并主持节能分部验收工作的是（　　）。

A. 节能专业监理工程师　　B. 总监理工程师

C. 施工单位项目负责人　　D. 节能设计工程师

20. 关于工程文件归档组卷的说法，正确的是（　　）。

A. 采用纯蓝墨水书写　　B. 内容基本真实

C. 电子文档存储采用通用格式　　D. 归档文件可用复印件

二、多项选择题（共 10 题，每题 2 分，每题的备选项中，有 2 个或 2 个以上符合题意，至少有 1 个错项。错选，本题不得分；少选，所选的每个选项得 0.5 分）

21. 下列装修做法形成的荷载作用，属于线荷载的有（　　）。

A. 铺设地砖　　B. 增加隔墙

C. 封闭阳台　　D. 安放假山

E. 悬挂吊灯

22. 下列建筑钢材的性能指标中，属于力学性能的有（　　）。

A. 拉伸性能　　B. 冲击性能

C. 疲劳性能　　D. 弯曲性能

E. 焊接性能

23. 关于建筑装饰用花岗石特性的说法，正确的有（　　）。

A. 构造致密　　B. 强度高

C. 吸水率高　　D. 质地坚硬

E. 碱性石材

24. 针对大型设备基础混凝土浇筑，正确的施工方法有（　　）。

A. 分层浇筑　　B. 上下层间不留施工缝

C. 每层厚度 300～500mm　　D. 从高处向低处

E. 沿长边方向浇筑

25. 关于模板的拆除顺序，正确的有（　　）。

A. 先支的后拆　　B. 后支的先拆

C. 先拆非承重模板　　D. 后拆承重模板

E. 从下而上进行拆除

26. 关于高强螺栓安装的说法，正确的有（　　）。

A. 应能自由穿入螺栓孔　　B. 用铁锤敲击穿入

C. 用锉刀修整螺栓孔　　D. 用气割扩孔

E. 扩孔的孔径不超过螺栓直径的 1.2 倍

27. 关于装配式结构钢筋套筒灌浆的说法，正确的有（　　）。

A. 采用压浆法　　B. 从上口灌注

C. 从下口流出　　D. 灌浆作业应留影像资料

E. 灌浆后 24h 内不能振动构件

28. 下列人员中，可以组织验槽工作的有（　　）。

A. 设计单位项目负责人　　B. 施工单位项目负责人

C. 监理单位项目负责人　　D. 勘察单位项目负责人

E. 建设单位项目负责人

29. 关于施工现场污水排放的说法，正确的有（　　）。

A. 现场厕所设置化粪池，并定期清理

B. 试验室污水直接排入市政污水管道

C. 现场的工程污水处理达标后排入市政污水管道

D. 现场雨、污水合流排放

E. 工地厨房设隔油池，并定期清理

30. 下列专项方案中，需进行专家论证的有（　　）。

A. 搭设高度 8m 以上的模板支撑体系

B. 跨度 8m 的梁，线荷载 22kN/m

C. 施工高度 50m 的幕墙工程

D. 水下作业

E. 开挖深度 10m 的人工挖孔桩

三、实务操作和案例分析题（共 4 题，每题 20 分）

（一）

背景资料：

某新建职业技术学校工程，由教学楼、实验楼、办公楼及 3 栋相同的公寓楼组成，均为钢筋混凝土现浇框架结构，合同中有创省优质工程的目标。

施工单位中标进场后，项目部项目经理组织编制施工组织设计。施工部署作为施工组织设计的纲领性内容，项目经理重点对“重点和难点分析”“四新技术应用”等方面进行详细安排，要求为工程创优策划打好基础。

施工组织设计中，针对 3 栋公寓楼组织流水施工，各工序流水节拍参数见下表。

流水施工参数表

工序编号	施工过程	流水节拍（周）	与前序工序的关系（搭接/间隔）及时间
①	土方开挖与基础	3	
②	地上结构	5	A/B
③	砌筑与安装	5	C/D
④	装饰装修及收尾	4	

绘制流水施工横道图如图 1-1 所示，核定公寓楼流水施工工期满足整体工期要求。

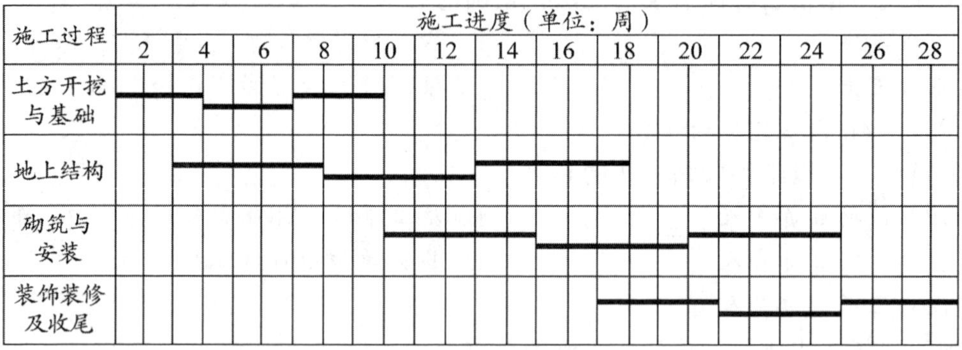

图 1-1 流水施工横道图

办公楼后浇带施工方案的主要内容有：以后浇带为界，用快易收口网进行分割；含后浇带区域整体搭设统一的模板支架，后浇带两侧混凝土浇筑完毕达到拆模条件后，及时拆除支撑架体实现快速周转；预留后浇带部位上覆多层板防护防止垃圾进入；待后浇带两侧混凝土龄期均达到设计要求的 60d 后，重新支设后浇带部位（两侧各延长一跨立杆）底模与支撑，浇筑混凝土，并按规范要求进行养护。监理工程师认为方案存在错误，且后浇带混凝土浇筑与养护描述不够具体，要求施工单位修改完善后重新报批。

外墙保温采用 EPS 板薄抹灰系统，由 EPS 板、耐碱玻纤网布、胶粘剂、薄抹灰面层、饰面涂层等组成，其构造图如图 1-2 所示。

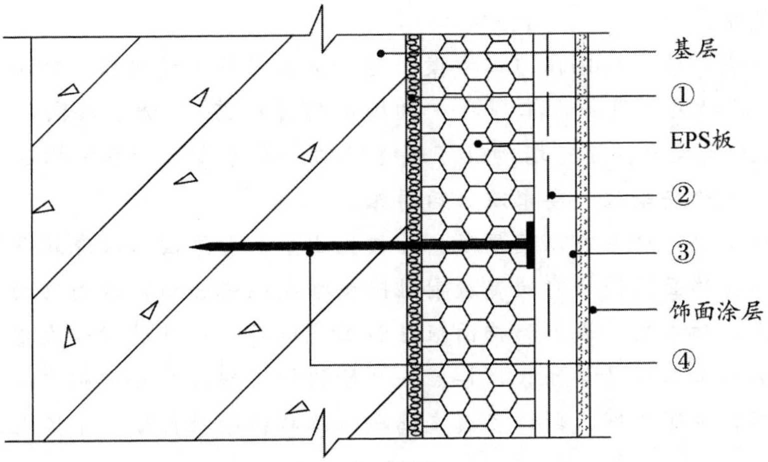

图 1-2　EPS 板薄抹灰构造图

问题：

1. 除背景材料中提及的“重点和难点分析”和“四新技术应用”外，施工部署的主要内容还有哪些？

2. 写出流水节拍参数表中 A、C 对应的工序关系，B、D 对应的时间。

3. 指出办公楼后浇带施工方案中的错误之处，后浇带混凝土浇筑及养护的主要措施有哪些？

4. 分别写出图 1-2 中数字代号所示各构造做法的名称。

（二）

背景资料：

某新建住宅工程，建筑面积 1.5 万 m^2，地下 2 层，地上 11 层，钢筋混凝土剪力墙结构。室内填充墙体采用蒸压加气混凝土砌块，水泥砂浆砌筑。室内卫生间采用聚氨酯防水涂料，水泥砂浆粘贴陶瓷饰面板。

一批 $\phi8$ 钢筋进场后，施工单位及时通知见证人员到场进行取样等见证工作，见证人员核查了检测项目等有关见证内容，要求这批钢筋单独存放，待验证资料齐全，完成其他进场验证工作后才能使用。

监理工程师审查“填充墙砌体施工方案”时，指出以下错误内容：砌块使用时，产品龄期不小于14d；砌筑砂浆可现场人工搅拌；砌块使用时提前2d浇水湿润，卫生间墙体底部用灰砂砖砌200mm高坎台；填充墙砌筑可通缝搭砌；填充墙与主体结构连接钢筋采用化学植筋方式，进行外观检查验收。要求改正后再报。

卫生间装修施工中，记录有以下事项：穿楼板止水套管周围二次浇筑混凝土抗渗等级与原混凝土相同；陶瓷饰面板进场时检查放射性限量检测报告合格；地面饰面板与水泥砂浆结合层分段先后铺设；防水层、设备和饰面板层施工完成后，一并进行一次蓄水、淋水试验。

施工单位依据施工工程量等因素，按照一个检验批不超过300m^3砌体，单个楼层工程量较少时可多个楼层合并等原则，制订了填充墙砌体工程检验批计划，报监理工程师审批。

问题：

1. 见证检测时，什么时间通知见证人员到场见证？见证人员应核查的见证内容是什么？该批进场验证不齐的钢筋还需完成什么验证工作才能使用？

2. 逐项改正填充墙砌体施工方案中的错误之处。

3. 指出卫生间施工记录中的不妥之处，写出正确做法。

4. 检验批划分的考虑因素有哪些？指出砌体工程检验批划分中的不妥之处，写出正确做法。

（三）

背景资料：

某住宅工程，建筑面积1.2万m^2，地下1层，地上12层，剪力墙结构，公共区域及室内地面装修为石材，墙、顶饰面均为涂料，工程东侧距基坑上口线8m处有一座六层老旧砖混结构住宅，市政管线从两建筑间穿过，为了保证既有住宅的安全，项目部对东侧边坡采用钢筋混凝土排桩支护，其余部位采用喷锚支护。

项目部制定了基坑工程监测方案，对基坑支护结构和周围环境进行监测，其中周围环境监测包含基坑外地形变形监测等内容，方案报送监理工程师批准后实施。

基础底板混凝土量较大，项目部决定组织夜间施工，因事先准备不足，施工过程中被附近居民投诉，后经协调取得了大家谅解。

地下室管道安装时，一名工人站在2.2m高的移动平台上作业，另一名工人在地面协助其工作，安全完成了工作任务。

该住宅工程竣工验收前，按照规定对室内环境污染物浓度进行了检测，部分检测项及数值见下表。

室内环境污染物浓度检测结果统计表

序号	检测项	浓度值（mg/m^3）
1	甲醛	0.08
2	甲苯	0.12
3	二甲苯	0.20
4	TVOC	0.40

问题：

1. 基坑工程监测方案中，对周围环境监测还应有哪些监测内容？

2. 写出夜间施工规定的时间区段和噪声排放最大值。夜间施工前应做哪些具体准备工作？

3. 在该高度移动平台上作业是否属于高处作业？高处作业分为几个等级？操作人员必备的个人安全防护用具、用品有哪些？

4. 根据控制室内环境污染的不同要求，该建筑属于几类民用建筑工程？表中符合规范要求的检测项有哪些？还应检测哪些项目？

（四）

背景资料：

建设单位投资兴建酒店工程，建筑面积为2.20万m^2，钢筋混凝土框架结构，建设单位编制了招标文件，发布了招标公告，招标控制价为1.056亿元。项目实行施工总承包，承包范围为土建、水电、通风空调、消防、装饰装修及园林景观工程，消防及园林景观由建设单位单独发包，主要设备由建设单位采购。先后有13家单位通过了资格预审后参加投标，最终D施工单位以9 900.00万元中标。双方按照《建设工程施工合同（示范文本）》（GF—2017—0201）签订了施工总承包合同，部分条款约定为：工程质量合格；实际工程量差异在±5%（含±5%）以内时按照工程量清单综合单价结算，超出幅度大于5%时按照工程量清单综合单价的0.9倍结算，减少幅度大于5%时按照工程量清单综合单价的1.1倍结算。

D施工单位中标后正常开展了相关工作：组建了项目经理部；搭建了临时设施；制定招采计划，自行将玻璃幕墙分包给符合资质要求、施工能力较强的一家装饰公司负责施工，并签订了专业分包合同；进行了项目成本分析、成本目标的制定。通过分析中标价得知，期间费用为642.00万元，利润为891.00万元，增值税为990.00万元。

有两项分项工程完成后，双方及时确认了实际完成工作量，见下表。

分项工程单价及工作量统计表

分项工程	A1	A2
清单综合单价（元/m^3）	420	560
清单工程量（m^3）	5 450	6 230
实际完成工程量（m^3）	5 890	5 890

工程按期进入安装调试阶段时，由于雷电引发了一场火灾。火灾结束后48小时内，D施工单位向项目监理机构通报了火灾损失情况：价值80.00万元的待安装设备报废；D施工单位人员烧伤所需医疗费及误工补偿费35.00万元；租赁施工设备损坏赔偿费15.00万元；必要的现场管理保卫人员费用支出2.00万元；其他损失待核实后另行上报。监理机构审核属实后上报了建设单位。

问题：

1. 分别按照制造成本法、完全成本法计算该工程的施工成本是多少万元？按照工程施工成本费用目标划分，施工成本有哪几类？

2. 分析计算A1、A2分项工程的清单综合单价是否需要调整？并计算A1、A2分项工程实际完成的工作量是多少元。

3. D施工单位在专业分包管理上的做法有哪些不妥之处？说明理由。招投标法对此类行为的处罚有哪些？

4. 指出在火灾事故中，建设单位、D施工单位各自应承担哪些损失。(不考虑保险因素)

参考答案及解析

一、单项选择题

1. A【解析】建筑高度大于 100m 的民用建筑，应设置避难层（间）。有人员正常活动的架空层及避难层的净高不应低于 2m。

2. B【解析】应急照明包括疏散照明、安全照明和备用照明，必须选用能瞬时启动的光源。

3. D【解析】直接接触土体浇筑的构件，其钢筋的混凝土保护层厚度不应小于 70mm。

4. C【解析】影响斜截面破坏形式的因素很多，如截面尺寸、混凝土强度等级、荷载形式、箍筋和弯起钢筋的含量等，其中影响较大的是配箍率。

5. A【解析】六大常用水泥的主要特性见下表。硅酸盐水泥水化热大，选项 A 正确。

名称	主要特性
硅酸盐水泥	①凝结硬化快、早期强度高；②水化热大；③抗冻性好；④耐热性差；⑤耐蚀性差；⑥干缩性较小
普通水泥	①凝结硬化较快、早期强度较高；②水化热较大；③抗冻性较好；④耐热性较差；⑤耐蚀性较差；⑥干缩性较小
矿渣水泥	①凝结硬化慢、早期强度低，后期强度增长较快；②水化热较小；③抗冻性差；④耐热性好；⑤耐蚀性较好；⑥干缩性较大；⑦泌水性大、抗渗性差
火山灰水泥	①凝结硬化慢、早期强度低，后期强度增长较快；②水化热较小；③抗冻性差；④耐热性较差；⑤耐蚀性较好；⑥干缩性较大；⑦抗渗性较好
粉煤灰水泥	①凝结硬化慢、早期强度低，后期强度增长较快；②水化热较小；③抗冻性差；④耐热性较差；⑤耐蚀性较好；⑥干缩性较小；⑦抗裂性较高
复合水泥	①凝结硬化慢、早期强度低，后期强度增长较快；②水化热较小；③抗冻性差；④耐蚀性较好；⑤其他性能与所掺入的两种或两种以上混合材料的种类、掺量有关

6. C【解析】在水下环境中使用的砂浆，适宜选用的胶凝材料是水泥。

7. B【解析】有机防火堵料又称可塑性防火堵料，在使用过程中长期不硬化，可塑性好，容易封堵各种不规则形状的孔洞，能够重复使用。

8. D【解析】钢尺的主要作用是距离测量，钢尺量距是目前楼层测量放线最常用的距离测量方法。

9. C【解析】为防止或减少降水对周围环境的影响，避免产生过大的地面沉降，可采取下列一些技术措施：①采用回灌技术；②采用砂沟、砂井回灌；③减缓降水速度。

10. C【解析】玻璃板隔墙施工的工艺顺序是：墙位放线→制作隔墙型材框架→安装隔墙框架→安装玻璃→嵌缝打胶→边框装饰→保洁。

11. D【解析】混凝土拌合物入模温度不应低于 5℃，且不应高于 35℃。

12. A【解析】发包人提出设计变更时，向承包人发出变更指令的是监理人。

13. B【解析】施工现场动火等级的划分及内容见下表。

分类	内容	组织编制者	审查批准
一级动火	(1) 禁火区域内 (2) 油罐、油箱、油槽车和储存过可燃气体、易燃液体的容器及与其连接在一起的辅助设备 (3) 各种受压设备 (4) 危险性较大的登高焊、割作业 (5) 比较密封的室内、容器内、地下室等场所 (6) 现场堆有大量可燃和易燃物质的场所	项目负责人	企业安全管理部门
二级动火	(1) 在具有一定危险因素的非禁火区域内进行临时焊、割等用火作业 (2) 小型油箱等容器 (3) 登高焊、割等用火作业	项目责任工程师	项目安全管理部门和项目负责人
三级动火	在非固定的、无明显危险因素的场所进行用火作业	所在班组	项目责任工程师和项目安全管理部门

14. D 【解析】高度超过 24m 的建筑工程，应保证消防水源充足，设置具有足够扬程的高压水泵，安装临时消防竖管，管径不得小于 75mm。每层必须设消火栓口，并配备足够的水龙带。

15. B 【解析】易产生手臂振动职业病的是风钻作业。

16. D 【解析】施工现场临时用电设备在 5 台及以上或设备总容量在 50kW 及以上者，应编制用电组织设计，否则应制定安全用电和电气防火措施。临时用电组织设计应由电气工程技术人员组织编制，经相关部门审核及具有法人资格企业的技术负责人批准后实施。使用前必须经编制、审核、批准部门和使用单位共同验收，合格后方可投入使用。

17. A 【解析】警告标志是用来提醒人们对周围环境引起注意，以避免发生危险的图形标志。基本形式是黑色正三角形边框，图形是黑色，背景为黄色。

18. D 【解析】为保证物料提升机整体稳定而采用缆风绳时，高度在 20m 以下可设 1 组（不少于 4 根），高度在 30m 以下不少于 2 组，超过 30m 时不应采用缆风绳锚固方法，应采用连墙杆等刚性措施。

19. B 【解析】节能分部工程验收应由总监理工程师（建设单位项目负责人）组织并主持，施工单位项目负责人、项目技术负责人和相关专业的负责人、质量检查员、施工员参加验收；施工单位的质量或技术负责人应参加验收；设计单位项目负责人及相关专业负责人应参加验收；主要设备、材料供应商及分包单位负责人、节能设计人员应参加验收。

20. C 【解析】归档的建设工程电子文件的内容必须与其纸质档案一致，且应采用开放式文件格式或通用格式进行存储，并采用电子签名等手段。

二、多项选择题

21. BC 【解析】线荷载：建筑物原有的楼面或屋面上的各种面荷载传到梁上或条形基础上时，可简化为单位长度上的线荷载。

22. ABC 【解析】钢材的主要性能包括力学性能和工艺性能。其中力学性能是钢材最重要的使用性能，包括拉伸性能、冲击性能、疲劳性能等。工艺性能表示钢材在各种加工过程中的行为，包括弯曲性能和焊接性能等。

23. ABD 【解析】花岗石构造致密、强度高、密度大、吸水率极低、质地坚硬、耐磨，为酸性石材，因此其耐酸、抗风化、耐久性好，使用年限长。

24. ABCE 【解析】设备基础浇筑，一般应分层浇筑，并保证上下层之间不留施工缝，每层混凝土的厚度宜为 300～500mm。每层浇筑顺序应从低处开始，沿长边方向自一端向另一端浇筑，也可采取中间向两端或两端向中间浇筑的顺序。

25. ABCD **【解析】** 模板拆除时，拆模的顺序和方法应按模板的设计规定进行。当设计无规定时，可采取先支的后拆、后支的先拆，先拆非承重模板、后拆承重模板的顺序，并应从上而下进行拆除。

26. ACE **【解析】** 高强度螺栓现场安装时应能自由穿入螺栓孔，不得强行穿入。若螺栓不能自由穿入时，可采用铰刀或锉刀修整螺栓孔，不得采用气割扩孔，扩孔数量应征得设计同意，修整后或扩孔后的孔径不应超过 1.2 倍螺栓直径。

27. ADE **【解析】** 浆料应在制备后 30min 内用完，灌浆作业应采取压浆法从下口灌注，当浆料从上口流出时应及时封堵，持压 30s 后再封堵下口，灌浆后 24h 内不得使构件与灌浆层受到振动、碰撞。灌浆作业应留下影像资料，作为验收资料。

28. CE **【解析】** 基坑开挖完毕，应由总监理工程师或建设单位组织施工单位、设计单位、勘察单位等有关人员共同到现场进行检查、验槽，核对地质资料，检查地基土与工程地质勘察报告、设计图纸要求是否相符合，有无破坏原状土结构或发生较大扰动的现象。

29. ACE **【解析】** 污水排放应符合下列规定：①现场道路和材料堆放场地周边应设排水沟；②工程污水和试验室养护用水应经处理达标后排入市政污水管道；③现场厕所应设置化粪池，化粪池应定期清理；④工地厨房应设隔油池，应定期清理；⑤雨水、污水应分流排放。

30. ABCD **【解析】** 对于超过一定规模的危大工程，施工单位应当组织召开专家论证会对专项施工方案进行论证。超过一定规模的危险性较大的分部分项工程有：①混凝土模板支撑工程：搭设高度 8m 及以上；搭设跨度 18m 及以上；施工总荷载（设计值）15kN/m^2 及以上；或集中线荷载（设计值）20kN/m 及以上。②施工高度 50m 及以上的建筑幕墙安装工程。③开挖深度 16m 及以上的人工挖孔桩工程。④水下作业工程。

三、实务操作和案例分析题

（一）

【参考答案】

1. 除背景材料中提及的“重点和难点分析”和“四新技术应用”外，施工部署的主要内容还有工程目标、工程管理的组织、进度安排和空间组织、资源配置计划、项目管理总体安排。

2. 流水节拍参数表中，A 对应的工序关系：搭接；C 对应的工序关系：间隔；B 对应的时间：1 周；D 对应的时间：2 周。

分析如下：

（1）各施工过程流水节拍的累加数列：

土方开挖与基础：3　6　9

地上结构：5　10　15

砌筑与安装：5　10　15

装饰装修及收尾：4　8　12

（2）错位相减，取最大值得流水步距：

K_1	3	6	9	
—		5	10	15
	3	1	−1	−15

所以，土方开挖与基础和地上结构之间的流水步距 K_1＝3 周，B＝3－2＝1（周）。

K_2	5	10	15	
−		5	10	15
	5	5	5	−15

所以，地上结构和砌筑与安装之间的流水步距 K_2＝5 周，D＝7－5＝2（周）。

3.（1）错误之处一：含后浇带区域整体搭设统一的模板支架。

错误之处二：后浇带两侧混凝土浇筑完毕达到拆模条件后，及时拆除支撑架体实现快速周转。

错误之处三：待后浇带两侧混凝土龄期均达到设计要求的 60d 后，重新支设后浇带部位（两侧各延长一跨立杆）底模与支撑。

（2）后浇带混凝土浇筑及养护的主要措施：后浇带应采取钢筋防锈或阻锈等保护措施。填充后浇带，可采用微膨胀混凝土，强度等级比原结构强度提高一级，并保持至少 14d 的湿润养护。后浇带接缝处按施工缝的要求处理。

4. 图 1-2 中数字代号所示各构造做法的名称：①胶粘剂；②耐碱玻纤网布；③薄抹灰面层；④锚栓。

（二）

【参考答案】

1.（1）见证检测时，施工单位应在取样和送检前通知见证人员到场见证。

（2）见证人员应核查见证检测的检测项目、数量和比例是否满足有关规定。

（3）该批进场验证不齐的钢筋还需待资料补齐，监理验证合格后，按国家现行有关标准抽样检验屈服强度、抗拉强度、伸长率及单位长度重量偏差，复验合格后方可使用。

2.（1）错误之处一：砌块使用时，产品龄期不小于 14d。

正确做法：砌筑填充墙时，蒸压加气混凝土砌块的产品龄期不应小于 28d。

（2）错误之处二：砌筑砂浆可现场人工搅拌。

正确做法：砌筑砂浆应采用机械搅拌。

（3）错误之处三：砌块使用时提前 2d 浇水湿润。

正确做法：蒸压加气混凝土砌块采用专用砂浆或普通砂浆砌筑时，应在砌筑当天对砌块砌筑面浇水湿润。

（4）错误之处四：卫生间墙体底部用灰砂砖砌 200mm 高坎台。

正确做法：在厨房、卫生间、浴室等处采用蒸压加气混凝土砌块砌筑墙体时，墙底部宜现浇混凝土坎台，其高度宜为 150mm。

（5）错误之处五：填充墙砌筑可通缝搭砌。

正确做法：蒸压加气混凝土砌块填充墙砌筑时应上下错缝，搭砌长度不宜小于砌块长度的 1/3，且不应小于 150mm。

（6）错误之处六：填充墙与主体结构连接钢筋采用化学植筋方式，进行外观检查验收。

正确做法：填充墙与主体结构连接钢筋采用化学植筋方式，需要进行钢筋拉拔试验检验。

3.（1）不妥之处一：穿楼板止水套管周围二次浇筑混凝土抗渗等级与原混凝土相同。

正确做法：二次埋置的套管，其周围混凝土抗渗等级应比原混凝土提高一级（0.2MPa），并应掺膨胀剂。

（2）不妥之处二：地面饰面板与水泥砂浆结合层分段先后铺设。

正确做法：结合层与板材应分段同时铺设。

（3）不妥之处三：防水层、设备和饰面板层施工完成后，一并进行一次蓄水、淋水试验。

正确做法：防水层施工完成后，应进行蓄水、淋水试验，观察无渗漏现象后交于下道工序，设备与饰面层施工完毕后还应进行第二次蓄水试验，达到最终无渗漏和排水畅通为合格，方可进行正式验收。

4. (1) 检验批划分的考虑因素有工程量、楼层、施工段、变形缝。

(2) 不妥之处：按不超过 $300m^3$ 砌体的原则划分砌体结构工程检验批。

正确做法：砌体结构工程按不超过 $250m^3$ 砌体划分为一个检验批的规定进行划分。

(三)

【参考答案】

1. 基坑工程监测方案中，对周围环境还应监测以下内容：邻近建筑物的沉降和倾斜监测、地下管线的沉降和位移监测。

2. (1) 夜间施工规定的时间区段：一般指当日 22 时至次日 6 时，特殊地区可由当地政府部门另行规定。根据《建筑施工场界环境噪声排放标准》，建筑施工场界环境噪声排放最大值为 55dB。

(2) 夜间施工前应做的具体准备工作：在城市市区范围内从事建筑工程施工，项目必须在工程开工前 7d 内向工程所在地县级以上地方人民政府环境保护管理部门申报登记。需办理夜间施工许可证明，并公告附近社区居民。

3. (1) 在高度 (2.2m) 移动平台上作业属于高处作业。

理由：高处作业是指凡在坠落高度基准面 2m 以上（含 2m）有可能坠落的高处进行的作业。

(2) 根据国家标准规定，建筑施工高处作业分为四个等级：一级高处作业、二级高处作业、三级高处作业和四级高处作业。

(3) 操作人员必备的个人安全防护用具、用品有合格的安全帽、安全带、防滑鞋等。

4. (1) 根据控制室内环境污染的不同要求，该建筑属于Ⅰ类民用建筑工程。

(2) 表中符合规范要求的检测项有甲苯、二甲苯、TVOC。

理由：对于Ⅰ类民用建筑工程，甲苯浓度 $\leqslant 0.15mg/m^3$，二甲苯浓度 $\leqslant 0.20mg/m^3$，TVOC 浓度 $\leqslant 0.45mg/m^3$，即判断为合格。

(3) 还应检测的项目包括氡、氨、苯。

(四)

【参考答案】

1. (1) 按照制造成本法，该工程施工成本＝9 900－642－891－990＝7 377（万元）。

按照完全成本法，该工程施工成本＝9 900－990－891＝8 019（万元）。

(2) 按照建筑工程施工项目成本的费用目标划分，施工成本有生产成本、质量成本、工期成本、不可预见成本（例如罚款等）。

2. A1 分项工程：(5 890－5 450) /5 450＝8.07%＞5%，故超出部分的综合单价应进行调整。

5 450×1.05×420＋（5 890－5 450×1.05）×420×0.9＝2 466 765（元），A1 分项工程实际完成的工作量为 2 466 765 元。

A2 分项工程：(6 230－5 890) /6 230＝5.46%＞5%，故综合单价应调整。

5 890×560×1.1＝3 628 240（元），A2 实际完成的工作量为 3 628 240 元。

3. (1) 不妥之处：自行将玻璃幕墙分包给符合资质要求、施工能力较强的一家装饰公司负责施工，并签订了专业分包合同。

理由：建设工程总承包合同中未约定，又未经建设单位认可，承包单位将其承包的部分建设工程交由其他单位完成的，属于违法分包。

(2) 处罚对象是实施违法行为的中标人，罚款的金额为转让或分包项目金额的 5‰以上 10‰以下，具体数额由作出处罚决定的行政机关根据中标人违法行为的情节轻重决定。有违法行为的，没收违法所得。没收违法所得是指有关行政执法机关根据法律、法规的规定，将当事人的非法所得强制无偿收归国有。此处所称的违法所得，是指中标人违法转让和分包获得的金钱收入，按照《招标投标法》规定，这些收入应当没收。

4. (1) 建设单位承担的损失有：价值 80.00 万元的待安装设备；必要的现场管理保卫人员费用支出 2.00 万元。

(2) D 施工单位承担的损失有：施工单位人员烧伤所需医疗费及误工补偿费 35.00 万元；租赁施工设备损坏赔偿费 15.00 万元。

工作单位：________

考生姓名：________

准考证号：________

2020 年全国二级建造师执业资格考试

建筑工程管理与实务

考生注意事项

1. 答题前，考生须在试题册指定位置上填写工作单位、考生姓名和准考证号；在答题卡指定位置上填写考生姓名和准考证号，并涂写准考证号信息点。
2. 选择题的答案必须涂写在答题卡相应题号的选项上，非选择题的答案必须书写在答题卡指定位置的边框区域内。超出答题区域书写的答案无效；在草稿纸、试题册上答题无效。
3. 填（书）写部分必须使用黑色字迹签字笔或者钢笔书写，字迹工整、笔迹清楚；涂写部分必须使用 2B 铅笔填涂。
4. 考试结束，将答题卡和试题册按规定交回。

一、单项选择题（共 20 题，每题 1 分。每题的备选项中，只有 1 个最符合题意）

1. 建筑高度 60m 的住宅属于（　　）。

A. 单层建筑　　B. 多层建筑

C. 高层建筑　　D. 超高层建筑

2. 学校临开敞中庭的栏杆高度最低限值是（　　）m。

A. 0.90　　B. 1.05

C. 1.10　　D. 1.20

3. 装饰工程中宴会厅安装的大型吊灯，其荷载类别属于（　　）。

A. 面荷载　　B. 线荷载

C. 集中荷载　　D. 特殊荷载

4. 钢梁临时搁置在钢柱牛腿上不作任何处理，其支座可简化为（　　）。

A. 固定铰支座　　B. 可动铰支座

C. 固定支座　　D. 弹性支座

5. 常用来改善混凝土拌合物流动性能的外加剂是（　　）。

A. 减水剂　　B. 防水剂

C. 缓凝剂　　D. 膨胀剂

6. 木材湿胀后，可使木材（　　）。

A. 翘曲　　B. 表面鼓凸

C. 开裂　　D. 接榫松动

7. 具有良好隔热和隔声性能的玻璃品种是（　　）。

A. 夹层玻璃　　B. 中空玻璃

C. 钢化玻璃　　D. Low－E 玻璃

8. 土方回填工程中，根据压实机具确定的施工参数是（　　）。

A. 土料性质　　B. 土料含水率

C. 压实系数　　D. 虚铺厚度

9. 基坑验槽中，对于基底以下不可见部位的土层，通常采用的方法是（　　）。

A. 钎探法　　B. 贯入仪检测法

C. 轻型动力触探法　　D. 观察法

10. 施工测量中，测量角度的仪器是（　　）。

A. 水准仪　　B. 钢尺

C. 经纬仪　　D. 激光铅直仪

11. 目前粗钢筋机械连接采用最多的连接方式是（　　）连接。

A. 挤压套筒　　B. 镦粗直螺纹套筒

C. 剥肋滚压直螺纹套筒　　D. 锥螺纹套筒

12. 常用于防水混凝土的水泥品种是（　　）。

A. 矿渣硅酸盐水泥　　B. 粉煤灰硅酸盐水泥

C. 火山灰质硅酸盐水泥　　D. 普通硅酸盐水泥

13. 水泥砂浆防水层终凝后应及时养护，养护时间不少于（　　）d。

A. 7　　B. 14　　C. 21　　D. 28

14. 外墙 EPS 板薄抹灰系统施工工艺顺序，正确的是（　　）。

①挂基准线；②粘贴聚苯板；③抹面层抹面砂浆；④锚固件固定。

A. ①②③④　　B. ①③②④

C. ①②④③　　D. ①④②③

15. 铝合金门窗安装中，五金配件与门窗的连接应采用（　　）。

A. 镀锌螺钉　　B. 射钉

C. 普通螺栓　　D. 普通螺钉

16. 高温天气期间，通常混凝土搅拌运输车罐体的涂装颜色是（　　）。

A. 蓝色　　B. 绿色

C. 灰色　　D. 白色

17. 防火涂料按涂层厚度可分为（　　）类。

A. 二　　B. 三

C. 四　　D. 五

18. 现行消防验收备案的政府职能部门是（　　）。

A. 消防救援机构　　B. 住房和城乡建设主管部门

C. 公安机关　　D. 城建档案管理机构

19. 根据室内环境污染控制的规定，属于Ⅰ类民用建筑工程的是（　　）。

A. 商店　　B. 餐厅

C. 旅店　　D. 医院

20. 采用砂、石材料铺装地面砖的环境温度最低限值是（　　）。

A. －10℃　　B. 0℃

C. －5℃　　D. 5℃

二、多项选择题（共 10 题，每题 2 分。每题的备选项中，有 2 个或 2 个以上符合题意，至少有 1 个错项。错选，本题不得分；少选，所选的每个选项得 0.5 分）

21. 属于砌体结构工程特点的有（　　）。

A. 生产效率高　　B. 保温性能好

C. 自重大　　D. 抗震性能好

E. 可就地取材

22. 影响混凝土拌合物和易性的因素有（　　）。

A. 单位体积用水量　　B. 砂率

C. 时间　　D. 水泥的泌水性

E. 水泥的安定性

23. 影响砂浆稠度的因素有（　　）。

A. 胶凝材料种类

B. 使用环境温度

C. 用水量

D. 掺合料的种类

E. 搅拌时间

24. 为减少降水对周边环境的影响，可采取的技术措施有（　　）。

A. 井点回灌　　B. 砂井回灌

C. 井点降水　　D. 喷射井点降水

E. 减缓降水速度

25. 预制构件进场时，需提供的质量证明文件包括（　　）。

A. 出厂合格证

B. 钢筋复验单

C. 混凝土强度检验报告

D. 进场复验报告

E. 钢筋套筒等的工艺检验报告

26. 关于雨期施工中钢筋工程的做法，正确的有（　　）。

A. 焊机必须接地

B. 焊工必须穿戴防护衣具

C. 钢筋机械应设置机棚

D. 钢筋机械设置场地应平整

E. 钢筋机械可以设置在松软的场地上

27. 关于手提式灭火器放置的说法，正确的有（　　）。

A. 放在托架上

B. 放置地点有温度限制

C. 使用挂钩悬挂

D. 可放置在潮湿地面上

E. 可放置在室内干燥的地面上

28. 关于外用电梯安装和使用的说法，正确的有（　　）。

A. 应由有资质的专业队安装

B. 业主、监理、施工单位共同验收后可直接使用

C. 进入楼层的防护门开关应设在靠近楼层一侧

D. 安全装置应齐全

E. 六级以上大风停止使用

29. 专项方案实施前，可以进行安全技术交底的交底人有（　　）。

A. 项目安全员

B. 安全监理工程师

C. 方案编制人员

D. 项目技术负责人

E. 项目生产经理

30. 住宅工程办理竣工验收备案时，应提交的文件有（　　）。

A. 工程竣工验收备案表

B. 工程竣工验收报告

C. 住宅质量保证书

D. 工程竣工报告

E. 住宅使用说明书

三、实务操作和案例分析题（共 4 题，每题 20 分）

扫码听课

（一）

背景资料：

某新建住宅楼，框剪结构，地下 2 层，地上 18 层，建筑面积 2.5 万 m^2。甲公司总承包施工。新冠疫情后，项目部按照住建部《房屋市政工程复工复产指南》（建办质〔2020〕8 号）和当地政府要求组织复工。成立以项目经理为组长的疫情防控领导小组并制定项目疫情防控措施，明确施工现场实行封闭式管理，设置包括废弃口罩类等分类收集装置，安排专人负责卫生保洁工作，确保疫情防控工作有效、合规。复工前，项目部盘点工作内容，结合该住宅楼 3 个单元相同的特点，依据原有施工进度计划，按照分析检查结果、确定调整对象等调整步骤，调整施工进度。同时，针对某分部工程制定流水节拍（见表1-1），就施工过程Ⅰ～Ⅳ组织 4 个施工班组流水施工，其中施工过程Ⅲ因工艺要求需待施工过程Ⅱ完成后 2 天方可进行。

表 1-1　某分部工程流水节拍表

施工过程编号	施工过程	流水节拍（天）
①	Ⅰ	2
②	Ⅱ	6
③	Ⅲ	4
④	Ⅳ	2

项目部质量月活动中，组织了直螺纹套筒连接、现浇构件拆模管理等知识竞赛活动，以提高管理人员、操作工人的质量意识和业务技能，减少质量通病的发生。

钢筋直螺纹加工、连接常用检查和使用工具的作用如下图所示。底模拆除时的混凝土强度要求见表 1-2。

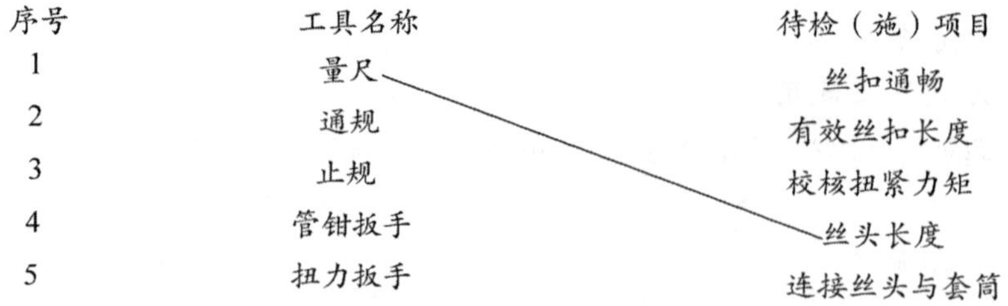

钢筋直螺纹加工、连接常用检查和使用工具的作用连线图（部分）

表 1-2　底模拆除时的混凝土强度要求

构件类型	构件跨度（m）	达到设计的混凝土立方体抗压强度标准值的百分率（%）
板	≤2	≥A
	>2，≤8	≥B
	>8	≥C
梁、拱、壳	≤8	≥D
	>8	≥E
悬臂结构		≥F

问题：

1. 除废弃口罩类外，现场设置的收集装置还有哪些分类？

2. 画出该分部工程施工进度横道图，总工期是多少天？调整施工进度包括哪些步骤？

3. 对图中钢筋直螺纹加工、连接常用工具及待检（施）项目对应关系进行正确连线。

4. 写出表 1-2 中 A、B、C、D、E、F 对应的数值（如 F：100）。

（二）

背景资料：

某新建商住楼工程，钢筋混凝土框架-剪力墙结构。地下 1 层，地上 16 层，建筑面积 2.8 万 m^2。基础桩为泥浆护壁钻孔灌注桩。

项目部进场后，在泥浆护壁灌注桩钢筋笼作业交底会上，重点强调钢筋笼制作和钢筋笼保护层垫块的注意事项。要求钢筋笼分段制作，分段长度要综合考虑成笼的三个因素。钢筋保护层垫块，每节钢筋笼不少于 2 组。长度大于 12m 的中间加设 1 组。每组块数 2 块，垫块可自由分布。

在回填土施工前，项目部安排人员编制了回填土专项方案，包括：按设计和规范规定，严格控制回填土方的粒径和含水率。要求在土方回填前做好清除基底垃圾等杂物，按填方高度的 5% 预留沉降量等内容。

现场使用潜水泵抽水过程中，在抽水作业人员将潜水泵倾斜放入水中时，发现泵体根部防水型橡胶电缆老化，并有一处接头断裂，在重新连接处理好后继续使用。下午 1 时 15 分，抽水作业人员发现，潜水泵体已陷入污泥，在拉拽出水管时触电，经抢救无效死亡。

事故发生后，施工单位负责人在下午 2 时 15 分接到了现场项目经理事故报告，立即赶往事故现场，召集项目部全体人员分析事故原因，并于下午 4 时 08 分按照事故报告“应当及时，不得迟报”等原则，向事故发生地的县人民政府建设主管部门和有关部门报告。

问题：

1. 写出灌注桩钢筋笼制作和安装综合考虑的三个因素。指出钢筋笼保护层垫块的设置数量及位置的不妥之处并说明正确做法。

2. 土方回填预留沉降量是否正确？并说明理由。土方回填前除清除基底垃圾外，还有哪些清理内容及相关工作？

3. 写出现场抽水作业人员的不妥之处，并说明正确做法。

4. 施工单位负责人事故报告时间是否正确？并说明理由。事故报告的原则除“应当及时，不得迟报”外还有哪些内容？

（三）

背景资料：

某住宅楼工程，地下 2 层，地上 20 层，建筑面积 2.5 万 m^2，基坑开挖深度 7.6m，地上二层以上为装配式混凝土结构，某施工单位中标后组建项目部组织施工。

基坑施工前，施工单位编制了《××工程基坑支护方案》，并组织召开了专家论证会，参建各方项目负责人及施工单位项目技术负责人、生产经理、部分工长参加了会议，会议期间，总监理工程师发现施工单位没有按规定要求的人员参会，要求暂停专家论证会。

预制墙板吊装前，工长对施工班组进行了预制墙板吊装工艺流程交底，内容包括从基层处理、测量到摘钩、堵缝、灌浆全过程，最初吊装的两块预制墙板间留有"一"形后浇节点，该后浇节点和叠合楼层板混凝土一起浇筑。

公司相关部门对该项目日常管理检查时发现：进入楼层的临时消防竖管直径75mm，隔层设置一个出水口，平时作为施工用取水点；二级动火作业申请表由工长填写，生产经理审查批准；现场污水排放手续不齐，不符合相关规定。上述一些问题要求项目部整改。

根据合同要求，工程城建档案归档资料由项目部负责整理后提交建设单位，项目部在整理归档文件时，使用了部分复印件，并对重要的变更部位用红色墨水修改，同时对纸质档案中没有记录的内容在提交的电子文件中给予补充，在档案预验收时，验收单位提出了整改意见。

问题：

1. 施工单位参加专家论证会议的人员还应有哪些？

2. 预制墙板吊装工艺流程还有哪些主要工序？后浇节点还有哪些形式？

3. 项目日常管理行为有哪些不妥之处？并说明正确做法。如何办理现场污水排放的相关手续？

4. 指出项目部在整理归档文件时的不妥之处，并说明正确做法。

（四）

背景资料：

建设单位投资兴建写字楼工程，地下1层，地上5层，建筑面积为6 000m²，总投资额4 200.00万元。建设单位编制的招标文件部分内容有："质量标准为合格；工期自2018年5月1日起至2019年9月30日止；采用工程量清单计价模式；项目开工日前7天内支付工程预付款，工程款预付比例为10%"。经公开招投标，在7家施工单位里选定A施工单位中标，B施工单位因为在填报工程量清单价格（投标文件组成部分）时，所填报的工程量与建设单位提供的工程量不一致以及其他原因导致未中标，A施工单位经合约、法务等部门认真审核相关条款，并上报相关领导同意后，与建设单位签订了工程施工总承包合同，签约合同价部分明细有：分部分项工程费为2 118.50万元，脚手架费用为49.00万元，措施项目费为92.16万元，其他项目费为110.00万元，总包管理费为30.00万元，暂列金额为80.00万元，规费及税金为266.88万元。

建设单位于2018年4月26日支付了工程预付款，A施工单位收到工程预付款后，用部分工程预付款购买了用于本工程所需的塔吊、轿车、模板，支付其他工程拖欠劳务费、其他工程的材料欠款。

在地下室施工过程中，突遇百年不遇特大暴雨，A施工单位在雨后立即组织工程抢险抢修，抽排基坑内雨污水，发生费用8.00万元；检修受损水电线路，发生费用1.00万元；抢修工程项目红线外受损的施工便道，以保证工程各类物资、机械进场的需要，发生费用7.00万元。A施工单位及时将上述抢险抢修费用以签证方式上报建设单位。建设单位审核后的意见是：上述抢险抢修工作内容均属于A施工单位已经计取的措施费范围，不同意另行支付上述三项费用。

问题：

1. B施工单位在填报工程量清单价格时，除工程量外，还有哪些内容必须与建设单位提供的内容一致？

2. 除合约、法务部门外，A施工单位审核合同条款时还需要哪些部门参加？

3. A施工单位的签约合同价、工程预付款分别是多少万元（保留小数点后两位）？指出A施工单位使用工程预付款的不妥之处，工程预付款的正确使用用途还有哪些？

4. 分别说明建设单位对A施工单位上报的三项签证费用的审核意见是否正确？并说明理由。

参考答案及解析

一、单项选择题

1. C 【解析】高层民用建筑：建筑高度大于 27.0m 的住宅建筑和建筑高度大于 24.0m，且不大于 100.0m 的非单层公共建筑。
2. D 【解析】上人屋面和交通、商业、旅馆、学校、医院等建筑临开敞中庭的栏杆高度不应低于 1.20m。
3. C 【解析】在建筑物原有的楼面或屋面上放置或悬挂较重物品（如洗衣机、冰箱、空调机、吊灯等）时，其作用面积很小，可简化为作用于某一点的集中荷载。
4. B 【解析】可动铰支座：只能约束竖向运动的支座。例如：把梁放在柱顶上，不作任何处理，其支座就可简化成可动铰支座。
5. A 【解析】改善混凝土拌合物流变性能的外加剂包括各种减水剂、引气剂和泵送剂等。
6. B 【解析】湿胀干缩变形会影响木材的使用特性。干缩会使木材翘曲、开裂，接榫松动，拼缝不严。湿胀可造成表面鼓凸，所以木材在加工或使用前应预先进行干燥，使其含水率达到或接近与环境湿度相适应的平衡含水率。
7. B 【解析】中空玻璃的性能特点为光学性能良好，且由于玻璃层间干燥气体导热系数极小，露点很低，具有良好的隔声性能。中空玻璃主要用于保温隔热、隔声等功能要求的建筑物，如宾馆、住宅、医院、商场、写字楼等幕墙工程。
8. D 【解析】填土应从场地最低处开始，由下而上整个宽度分层铺填。每层虚铺厚度应根据夯实机械确定。
9. A 【解析】钎探是用锤将钢钎打入坑底以下的土层内一定深度，根据锤击次数和入土难易程度来判断土的软硬情况及有无古井、古墓、洞穴、地下掩埋物等。
10. C 【解析】经纬仪是一种能进行水平角和竖直角测量的仪器，它还可以借助水准尺，利用视距测量原理，测出两点间的大致水平距离和高差，也可以进行点位的竖向传递测量。
11. C 【解析】目前最常见、采用最多的方式是钢筋剥肋滚压直螺纹套筒连接，其通常适用的钢筋级别为 HRB335、HRB400、RRB400；适用的钢筋直径范围通常为 16～50mm。
12. D 【解析】常用于防水混凝土的水泥品种是普通硅酸盐水泥。
13. B 【解析】水泥砂浆防水层终凝后，应及时进行养护，养护温度不宜低于 5℃，并应保持砂浆表面湿润，养护时间不得少于 14d。
14. C 【解析】外墙 EPS 板薄抹灰系统施工工艺顺序：基层墙面清理→测量、放线、挂基准线→粘贴或锚固聚苯板→聚苯板表面扫毛→薄抹一层抹面胶浆→贴压耐碱玻纤网布→细部处理和加贴耐碱玻纤网布→抹面层抹面胶浆找平→面层涂料工程施工→验收。
15. A 【解析】五金配件与门窗连接用镀锌螺钉。安装的五金配件应固定牢固，使用灵活。
16. D 【解析】混凝土宜采用白色涂装的混凝土搅拌运输车运输。
17. B 【解析】防火涂料按涂层厚度可分为 CB 、B 和 H 三类。
18. C 【解析】需取得施工许可证的普通建设工程，建设单位应当在取得施工许可、工程竣工验收合格之日起七日内，通过省级公安机关消防机构网站进行消防设计、竣工验收消防备案，或者到公安机关消防机构业务受理场所进行消防设计、竣工验收消防备案。
19. D 【解析】Ⅰ类民用建筑工程包括住宅、医院、老年建筑、幼儿园、学校教室等。（该知识点已修改为：Ⅰ类民用建筑工程包括住宅、居住功能公寓、老年人照料房屋设施、幼儿园、学校教室、学生宿舍等民用建筑工程。）

20. B 【解析】采用砂、石材料铺设时，环境温度不应低于 0℃。

二、多项选择题

21. BCE 【解析】砌体结构具有如下特点：①容易就地取材，比使用水泥、钢筋和木材造价低；②具有较好的耐久性、良好的耐火性；③保温隔热性能好，节能效果好；④施工方便，工艺简单；⑤具有承重与围护双重功能；⑥自重大，抗拉、抗剪、抗弯能力低；⑦抗震性能差；⑧砌筑工程量繁重，生产效率低。

22. ABCD 【解析】影响混凝土拌合物和易性的主要因素包括单位体积用水量、砂率、组成材料的性质、时间和温度等。组成材料的性质包括水泥的需水量和泌水性、骨料的特性、外加剂和掺合料的特性等方面。

23. ACDE 【解析】影响砂浆稠度的因素有：①所用胶凝材料种类及数量；②用水量；③掺合料的种类与数量；④砂的形状、粗细与级配；⑤外加剂的种类与掺量；⑥搅拌时间。

24. ABE 【解析】为减少降水对周边环境的影响，可采取的技术措施包括：①采用回灌技术；②采用砂沟、砂井回灌；③减缓降水速度。

25. ABCE 【解析】预制构件进场时，构件生产单位应提供相关质量证明文件。质量证明文件应包括以下内容：①出厂合格证；②混凝土强度检验报告；③钢筋复验单；④钢筋套筒等其他构件钢筋连接类型的工艺检验报告；⑤合同要求的其他质量证明文件。

26. ABCD 【解析】钢筋机械必须设置在平整、坚实的场地上，选项 E 错误。

27. ABCE 【解析】手提式灭火器应使用挂钩悬挂，或摆放在托架上、灭火箱内，也可直接放在室内干燥的地面上，其顶部离地面高度应小于 1.5m，底部离地面高度宜大于 0.15m。灭火器不得摆放在超出其使用温度范围以外的地点，灭火器的使用温度范围应符合规范规定。

28. ADE 【解析】外用电梯的安装和拆卸作业必须由取得相应资质的专业队伍进行，安装完毕经验收合格，取得政府相关主管部门核发的《准用证》后方可投入使用，选项 B 错误。防护门应设置防外开装置，选项 C 错误。

29. CD 【解析】专项方案实施前，编制人员或项目技术负责人应当向现场管理人员和作业人员进行安全技术交底。

30. ABCE 【解析】建设单位办理工程竣工验收备案应当提交下列文件：①工程竣工验收备案表；②工程竣工验收报告；③法律、行政法规规定应当由规划、环保等部门出具的认可文件或者准许使用文件；④法律规定应当由公安消防部门出具的对大型的人员密集场所和其他特殊建设工程验收合格的证明文件；⑤施工单位签署的工程质量保修书；⑥法规、规章规定必须提供的其他文件。住宅工程还应当提交《住宅质量保证书》和《住宅使用说明书》。

三、实务操作和案例分析题

（一）

【参考答案】

1. 除废弃口罩类外，废电池、废墨盒等有毒有害的废弃物应封闭回收，不应混放；垃圾桶应分为可回收利用与不可回收利用两类，应定期清运；碎石和土石方类等应用作地基和路基回填材料；雨水、污水应分流排放。

2. （1）该分部工程施工进度横道图如下：

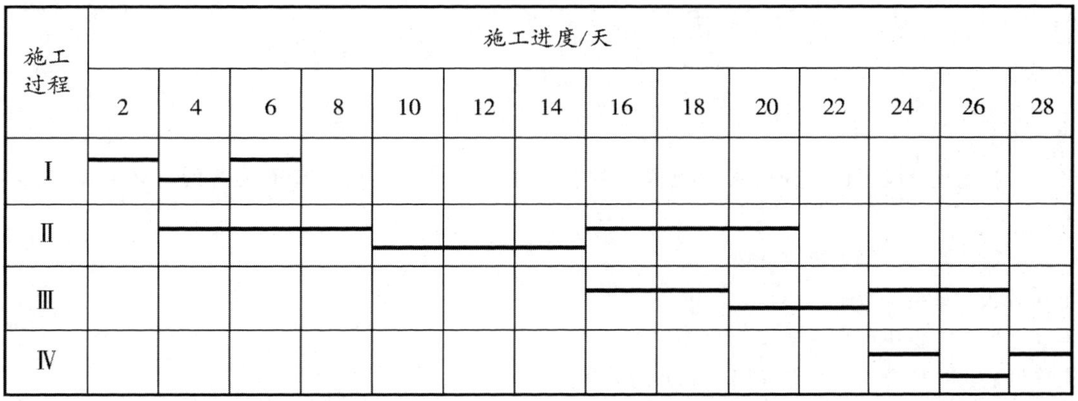

①各施工过程流水节拍的累加数列：

施工过程Ⅰ：2　4　6

施工过程Ⅱ：6　12　18

施工过程Ⅲ：4　8　12

施工过程Ⅳ：2　4　6

②错位相减，取最大值得流水步距：

$K_{\text{I},\text{II}}$	2	4	6	
		6	12	18
	2	−2	−6	−18

所以，$K_{\text{I},\text{II}}=2$（天）。

$K_{\text{II},\text{III}}$	6	12	18	
		4	8	12
	6	8	10	−12

所以，$K_{\text{II},\text{III}}=10$（天）。

$K_{\text{III},\text{IV}}$	4	8	12	
		2	4	6
	4	6	8	−6

所以，$K_{\text{III},\text{IV}}=8$（天）。

③总工期 $T=\Sigma K+\Sigma t_n+\Sigma G=(2+10+8)+(2+2+2)+2=28$（天）。

(2) 调整施工进度的步骤：分析进度计划检查结果，分析进度偏差的影响并确定调整的对象和目标，选择适当的调整方法，编制调整方案，对调整方案进行评价和决策，调整，确定调整后付诸实施的新施工进度计划。

3. 钢筋直螺纹加工、连接常用工具及待检（施）项目对应关系的正确连线如下：

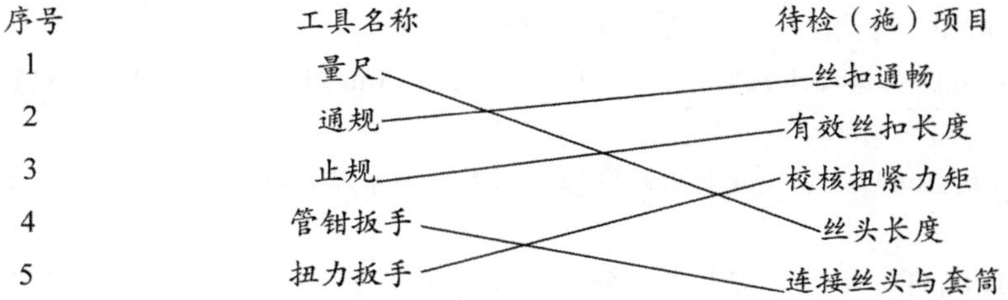

4. A：50；B：75；C：100；D：75；E：100；F：100。

（二）

【参考答案】

1. (1) 钢筋笼宜分段制作，分段长度视成笼的整体刚度、材料长度、起重设备的有效高度三因素综合考虑。

   (2) 不妥之处一：每组块数 2 块。

   正确做法：每组块数不得小于 3 块。

   不妥之处二：垫块可自由分布。

   正确做法：垫块应均匀分布在同一截面的主筋上。

2. (1) 土方回填预留沉降量不正确。

   理由：填方应按设计要求预留沉降量，一般不超过填方高度的 3%。

   (2) 土方回填前还应清除基底的树根等杂物，抽除积水，挖出淤泥，验收基底高程。

3. (1) 不妥之处一：抽水作业人员将潜水泵倾斜放入水中。

   正确做法：潜水泵在水中应直立放置。

   (2) 不妥之处二：发现泵体根部防水型橡胶电缆老化，并有一处接头断裂。

   正确做法：潜水泵的电源线应采用防水型橡胶电缆，并不得有接头。

   (3) 不妥之处三：潜水泵体已陷入污泥。

   正确做法：潜水泵不得陷入污泥或露出水面。

   (4) 不妥之处四：在拉拽出水管时触电。

   正确做法：放入水中或提出水面时应提拉系绳，禁止拉拽电缆或出水管，并应切断电源。

4. (1) 施工单位负责人事故报告时间不正确。

   理由：事故发生后，事故现场有关人员应当立即向施工单位负责人报告；施工单位负责人接到报告后，应当于 1h 内向事故发生地县级以上人民政府建设主管部门和有关部门报告。

   (2) 事故报告还应当准确、完整，任何单位和个人对事故不得漏报、谎报或者瞒报。

（三）

【参考答案】

1. 施工单位参加专家论证会议的人员还有：施工单位分管安全的负责人、技术负责人、项目负责人、专项方案编制人员、项目专职安全生产管理人员。

2. (1) 预制墙板吊装工艺流程还有：预制墙体起吊、下层竖向钢筋对孔、预制墙体就位、安装临时支撑、预制墙体校正、临时支撑固定。

   (2) 后浇节点还有“L”形、“T”形。

3. (1) 不妥之处一：进入楼层的临时消防竖管直径 75mm，隔层设置一个出水口，平时作为施工用取水点。

   正确做法：应每层设置一个出水口，严禁消防竖管作为施工用水管线。

   不妥之处二：二级动火作业申请表由工长填写，生产经理审查批准。

   正确做法：二级动火作业申请表由项目责任工程师填写，报项目安全管理部门和项目负责人审查批准后，方可动火。

   (2) 施工现场污水排放要与所在地县级以上人民政府市政管理部门签署污水排放许可协议，申领《临时排水许可证》。

4. (1) 不妥之处一：项目部在整理归档文件时，使用了部分复印件，并对重要的变更部位用红色墨水修改。

正确做法：归档的工程文件应为原件。工程文件应采用碳素墨水、蓝黑墨水等耐久性强的书写材料，不得使用红色墨水、纯蓝墨水、圆珠笔、复写纸、铅笔等易褪色的书写材料。

(2) 不妥之处二：同时对纸质档案中没有记录的内容在提交的电子文件中给予补充。

正确做法：归档的建设工程电子文件的内容必须与其纸质档案一致。

(四)

【参考答案】

1. 投标人应按招标人提供的工程量清单填报价格。除工程量外，还有项目编码、项目名称、项目特征、计量单位必须与招标人提供的内容一致。

2. 除合约、法务部门外，A 施工单位审核合同条款还需要企业的工程、技术、质量、资金、财务、劳务、物资部门参加。

3. (1) 签约合同价＝分部分项工程费＋措施项目费＋其他项目费＋规费＋税金＝2 118.50＋92.16＋110.00＋266.88＝2 587.54 (万元)。

(2) 工程预付款＝ (签约合同价－暂列金额) ×10%＝ (2 587.54－80.00) ×10%＝250.75 (万元)。

(3) A 施工单位使用工程预付款的不妥之处：用部分工程预付款购买了用于本工程所需的塔吊、轿车、模板，支付其他工程拖欠劳务费、其他工程的材料欠款。

(4) 工程预付款用于承包人为合同所约定的工程施工购置材料、工程设备、购置或租赁施工设备、修建临时设施以及组织施工队伍进场等所用的费用。

4. (1) 建设单位对施工单位组织工程抢险抢修，抽排基坑内雨污水发生的 8.00 万元审核意见不正确。

理由：百年一遇特大暴雨属于不可抗力，该情况下，工程所需清理、修复费用应由建设单位承担。

(2) 建设单位对施工单位检修受损水电线路发生的 1.00 万元审核意见正确。

理由：百年一遇特大暴雨属于不可抗力，该情况下，承包人的施工机械设备损坏 (包括检修受损水电线路的费用)，应由 A 施工单位承担。

(3) 建设单位对施工单位抢修工程项目红线外受损的施工便道发生的 7.00 万元费用审核意见不正确。

理由：百年一遇特大暴雨属于不可抗力，该情况下，项目红线外工程所需清理、修复费用应由建设单位承担。

准考证号：________

考生姓名：________

工作单位：________

2019 年全国二级建造师执业资格考试

建筑工程管理与实务

考生注意事项

1. 答题前，考生须在试题册指定位置上填写工作单位、考生姓名和准考证号；在答题卡指定位置上填写考生姓名和准考证号，并涂写准考证号信息点。
2. 选择题的答案必须涂写在答题卡相应题号的选项上，非选择题的答案必须书写在答题卡指定位置的边框区域内。超出答题区域书写的答案无效；在草稿纸、试题册上答题无效。
3. 填（书）写部分必须使用黑色字迹签字笔或者钢笔书写，字迹工整、笔迹清楚；涂写部分必须使用 2B 铅笔填涂。
4. 考试结束，将答题卡和试题册按规定交回。

一、单项选择题（共20题，每题1分。每题的备选项中，只有1个最符合题意）

1. 下列功能房间中，严禁设置在地下室的是（　　）。

A. 歌舞厅　　　　B. 老年人卧室

C. 游艺场　　　　D. 机械停车库

注：此类加灰标记的题目，其知识点已删除，可略过学习。

2. 受强烈地震作用的多层砌体房屋，通常破坏最严重的部位是（　　）。

A. 基础　　B. 楼盖　　C. 墙身　　D. 圈梁

3. 下列装饰构造中，通常按线荷载考虑的是（　　）。

A. 分区隔墙　　　　B. 地砖饰面

C. 大型吊灯　　　　D. 种植盆景

4. 针对无垫层，直接接触土体浇筑的构件，一般情况下，其最小保护层厚度是（　　）。

A. 40mm　　　　B. 50mm

C. 60mm　　　　D. 70mm

5. 符号“Φ”代表的牌号是（　　）。

A. HPB300B. HRB335

C. HRB400D. HRB500

6. 下列强度等级的水泥品种中，属于早强型水泥的是（　　）。

A. P·O 42.5　　　　B. P·O 42.5R

C. P·Ⅰ 42.5　　　　D. P·Ⅱ 42.5

7. 在楼层内进行距离测量时，最常用的器具是（　　）。

A. 水平仪　　　　B. 经纬仪

C. 铅直仪　　　　D. 钢卷尺

8. 一般情况下，后浇带混凝土的最低养护时间是（　　）。

A. 3d　　　　B. 7d

C. 14d　　　　D. 21d

9. 关于装配式工程钢筋套筒灌浆作业的做法，正确的是（　　）。

A. 每工作班至少制作1组试件　　　　B. 浆料在制备后1h内用完

C. 制作边长100mm的立方体试件　　　　D. 施工环境温度不低于0℃

10. 关于玻璃幕墙工程的说法，正确的是（　　）。

A. 采用胶缝传力的，胶缝可采用硅酮耐候密封胶

B. 全玻璃幕墙的板面不得与其他刚性材料直接接触

C. 全玻璃幕墙不可以在现场打硅酮结构密封胶

D. 不同金属的接触面之间可直接密贴连接

11. 根据《建筑工程冬期施工规程》（JGJ/T 104—2011），可作为进入冬期施工期限判定标准的是（　　）。

A. 室外日最低温度连续5d低于5℃　　　　B. 室外日平均温度连续5d低于5℃

C. 黄河以南地区11月底至次年2月底　　　　D. 黄河以北地区11月中至次年3月中

12. 下列内容中，不属于绿色施工“四节”范畴的是（　　）。

A. 节约能源　　B. 节约用地

C. 节约用水　　D. 节约用工

13. 下列动火作业中，属于三级动火的是（　　）。

A. 焊接工地围挡　　B. 地下室内焊接管道

C. 作业层钢筋焊接　　D. 木工棚附近切割作业

14. 针对市区主要路段的施工现场，其围挡高度至少应为（　　）。

A. 1.5m　　B. 1.8m　　C. 2.0m　　D. 2.5m

15. 一般情况下，夜间施工的时段是（　　）。

A. 当日 18 时至午夜 24 时　　B. 当日 18 时至次日 8 时

C. 当日 20 时至次日 6 时　　D. 当日 22 时至次日 6 时

16. 下列标志类型中，不属于施工现场安全标志的是（　　）。

A. 禁止标志　　B. 警告标志

C. 宣传标志　　D. 提示标志

17. 关于检验批验收组织的说法，正确的是（　　）。

A. 由施工单位专业工长组织　　B. 由总监理工程师组织

C. 由施工单位专业质检员组织　　D. 由专业监理工程师组织

18. 关于建筑工程竣工验收备案的说法，正确的是（　　）。

A. 在境外投资的项目也应进行备案　　B. 自竣工验收合格之日起 15d 内备案

C. 应在工程所在地政府监督部门备案　　D. 应由施工单位办理竣工备案手续

19. 下列书写材料中，填写工程归档文件时可以使用的是（　　）。

A. 铅笔　　B. 蓝黑墨水

C. 圆珠笔　　D. 红色墨水

20. 关于装饰装修工程现场防火安全的说法，正确的是（　　）。

A. 易燃材料施工配套使用照明灯应有防爆装置

B. 易燃物品集中放置在安全区域时可不做标识

C. 现场金属切割作业有专人监督时可不开动火证

D. 施工现场可设置独立的吸烟区并配备灭火器

二、多项选择题（共 10 题，每题 2 分。每题的备选项中，有 2 个或 2 个以上符合题意，至少有 1 个错项。错选，本题不得分；少选，所选的每个选项得 0.5 分）

21. 下列建筑钢材的性能指标中，属于力学性能指标的有（　　）。

A. 拉伸　　B. 冲击

C. 疲劳　　D. 弯曲

E. 焊接

22. 关于天然花岗石特性的说法，正确的有（　　）。

A. 呈碱性　　B. 高温耐火

C. 密度大　　D. 耐久性好

E. 强度高

23. 土方分层回填施工时，每层均应重点控制的施工参数有（　　）。

A. 虚铺厚度　　B. 土料含水率

C. 回填标高　　D. 相同压实度

E. 碾压遍数

24. 下列类型桩的施工方法中，包含成孔工序的有（　　）。

A. 挤密碎石桩

B. CFG 工法桩

C. 人工挖孔桩

D. PHC 静压桩

E. 钻孔灌注桩

25. 下列施工工序中，属于“钢筋加工”工作内容的有（　　）。

A. 机械连接　　B. 下料切断

C. 搭接绑扎　　D. 弯曲成型

E. 拉伸调直

26. 关于施工现场电工作业的说法，正确的有（　　）。

A. 持证上岗　　B. 用绝缘工具

C. 穿绝缘胶鞋　　D. 戴绝缘手套

E. 带负荷插拔插头

27. 下列钢结构施工用材料中，使用前必须进行烘焙的有（　　）。

A. 焊钉　　B. 焊接瓷环

C. 焊剂　　D. 药芯焊丝

E. 焊条

28. 关于移动式操作平台安全控制的说法，正确的有（　　）。

A. 台面面积不得超过 $10m^2$

B. 允许带不多于 2 人移动

C. 台面高度不得超过 5m

D. 台面脚手板要铺满钉牢

E. 台面四周设防护栏杆

29. 施工现场的塔吊必须停止作业的天气状况有（　　）。

A. 浮尘　　B. 大雨

C. 大雪　　D. 大雾

E. 五级大风

30. 针对居住建筑的墙体保温隔热材料，应进行复验的性能指标有（　　）。

A. 导热系数　　B. 厚度

C. 压缩强度　　D. 密度

E. 抗折强度

三、实务操作和案例分析题（共 4 题，每题 20 分）。

（一）

背景资料：

某洁净厂房工程，项目经理指示项目技术负责人编制施工进度计划，并评估项目总工期，项目技术负责人编制了相应施工进度安排（如下图所示），报项目经理审核。项目经理提出：施工进度计划不等同于施工进度安排，还应包含相关施工计划必要组成内容，要求技术负责人补充。

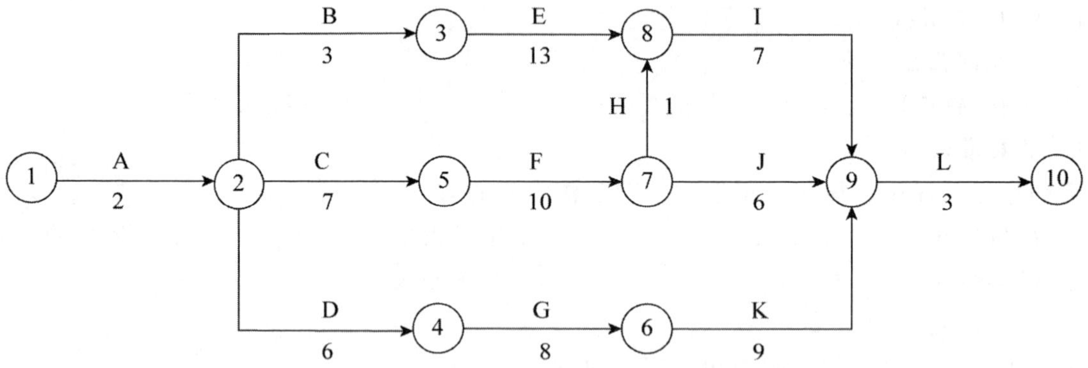

施工进度计划网络图（时间单位：周）

因为本工程采用了某项专利技术，其中工序 B、工序 F、工序 K 必须使用某种特种设备，且需按“B→F→K”先后顺次施工。该设备在当地仅有一台，租赁价格昂贵，租赁时长计算从进场开始直至设备退场为止，且场内停置等待的时间均按正常作业时间计取租赁费用。

项目技术负责人根据上述特殊情况，对网络图进行了调整，并重新计算项目总工期，报项目经理审批。

项目经理二次审查发现：各工序均按最早开始时间考虑，导致特种设备存在场内停置等待时间。项目经理指示调整各工序的起止时间，优化施工进度安排以节约设备租赁成本。

问题：

1. 写出网络图的关键线路（用工作表示）和总工期。

2. 项目技术负责人还应补充哪些施工进度计划的组成内容？

3. 根据特种设备使用的特殊情况，重新绘制调整后的施工进度计划网络图，调整后的网络图总工期是多少？

4. 根据重新绘制的网络图，如各工序均按最早开始时间考虑，特种设备计取租赁费用的时长为多少？优化工序的起止时间后，特种设备应在第几周初进场？优化后特种设备计取租赁费用的时长为多少？

(二)

背景资料：

某办公楼工程，建筑面积 2 400m^2，地下 1 层，地上 12 层，筏板基础，钢筋混凝土框架结构，砌筑工程采用蒸压灰砂砖砌体。建设单位依据招投标程序选定了监理单位及施工总承包单位并约定部分工作允许施工总承包单位自行分包。

施工总承包单位进场后，项目质量总监组织编制了项目检测试验计划，经施工企业技术部门审批后实施。建设单位指出检测试验计划编制与审批程序错误，要求项目部调整后重新报审。第一批钢筋原材到场，项目试验员会同监理单位见证人员进行见证取样，对钢筋原材相关性能指标进行复检。

本工程混凝土设计强度等级：梁板均为 C30，地下部分框架柱为 C40，地上部分框架柱为 C35。施工总承包单位针对梁柱核心区（梁柱节点部位）混凝土浇筑制定了专项技术措施，拟采取竖向结构与水平结构连续浇筑的方式：地下部分梁柱核心区中，沿柱边设置隔离措施，先浇筑框架柱及隔离措施内的 C40 混凝土，再浇筑隔离措施外的 C30 梁板混凝土；地上部分，先浇筑柱 C35 混凝土至梁柱核心区底面梁底标高处，梁柱核心区与梁、板一起浇筑 C30 混凝土。针对上述技术措施，监理工程师提出异议，要求修正其中的错误和补充必要的确认程序，现场才能实施。

工程完工后，施工总承包单位自检合格，再由专业监理工程师组织了竣工预验收。根据预验收所提出问题施工单位整改完毕，总监理工程师及时向建设单位申请工程竣工验收，建设单位认为程序不妥拒绝验收。

项目通过竣工验收后，建设单位、监理单位、设计单位、勘察单位、施工总承包单位与分包单位会商竣工资料移交方式，建设单位要求各参建单位分别向监理单位移交资料，监理单位收集齐全后统一向城建档案馆移交，监理单位以不符合程序为由拒绝。

问题：

1. 针对项目检测试验计划编制、审批程序存在的问题，给出相应的正确做法。钢筋原材的复检项目有哪些？

2. 针对混凝土浇筑措施监理工程师提出的异议，施工总承包单位应修正和补充哪些措施和确认？

3. 指出竣工验收程序有哪些不妥之处？并写出相应正确做法。

4. 针对本工程的参建各方，写出正确的竣工资料移交程序。

（三）

背景资料：

某住宅工程，建筑面积21 600m^2，基坑开挖深度6.5m，地下2层，地上12层，筏板基础，现浇钢筋混凝土框架结构。工程场地狭小，基坑上口北侧4m处有1栋6层砖混结构住宅楼，东侧2m处有一条埋深2m的热力管线。

工程由某总承包单位施工，基坑支护由专业分包单位承担。基坑支护施工前，专业分包单位编制了基坑支护专项施工方案，分包单位技术负责人审批签字后，报总承包单位备案并直接上报监理单位审查，总监理工程师审核通过。随后分包单位组织了3名符合相关专业要求的专家及参建各方相关人员召开论证会，形成论证意见："方案采用土钉喷护体系基本可行，需完善基坑监测方案，修改完善后通过"。分包单位按论证意见进行修改后拟按此方案实施，但被建设单位技术负责人以不符合相关规定为由要求整改。

主体结构施工期间，施工单位安全主管部门进行施工升降机安全专项检查，对该项目升降机的限位装置、防护设施、安装、验收与使用等保证项目进行了全数检查，均符合要求。

施工过程中，建设单位要求施工单位在三层进行了样板间施工，并对样板间室内环境污染物浓度进行检测，检测结果合格；工程交付使用前对室内环境污染物浓度检测时，施工单位以样板间已检测合格为由将抽检房间数量减半，共抽检 7 间，经检测甲醛浓度超标。施工单位查找原因并采取措施后，对原检测的 7 间房再次进行检测，检测结果合格，施工单位认为达标，监理单位提出不同意见，要求调整抽检的房间并增加抽检房间数量。

问题：

1. 根据本工程周边环境现状，基坑工程周边环境必须监测哪些内容？

2. 本项目基坑支护专项施工方案编制到专家论证的过程有何不妥？说明正确做法。

3. 施工升降机检查和评定的保证项目除背景资料中列出的项目外还有哪些？

4. 施工单位对室内环境污染物抽检房间数量减半的理由是否成立？并说明理由。请说明再次检测时对抽检房间的要求和数量。

（四）

背景资料：

沿海地区某群体住宅工程，包含整体地下室，8 栋住宅楼，1 栋物业配套楼以及小区公共区域园林绿化等，业态丰富，体量较大，工期暂定 3.5 年。招标文件约定，采用工程量清单计价模式，要求投标单位充分考虑风险，特别是通用措施费项目，均应以有竞争力的报价投标，最终按固定总价签订施工合同。

招标过程中，投标单位针对招标文件不妥之处向建设单位申请答疑，建设单位修订招标文件后履行完招标流程，最终确定施工单位 A 中标，并参照《建设工程施工合同（示范文本）》（GF—2017—0201）与A单位签订施工承包合同。

施工合同中允许总承包单位自行合法分包。A单位将物业配套楼整体分包给B单位。公共区园林绿化分包给C单位（该单位未在施工现场设立项目管理机构，委托劳务队伍进行施工），自行施工的8栋住宅楼的主体结构工程劳务（含钢筋、混凝土、主材与模板等周转材料）分包给D单位。上述单位均具备相应施工资质。地方建设行政主管部门在例行检查时，提出不符合《建筑工程施工转包违法分包等违法行为认定查处管理办法》（建市〔2014〕118号）相关规定，要求整改。

在施工过程中，当地遭遇罕见强台风，导致项目发生如下情况：

（1）整体中断施工24天。

（2）施工人员大量窝工，发生窝工费用88.4万元。

（3）工程清理及修复发生费用30.7万元。

（4）为提高后续抗台风能力，部分设计进行变更，经估算涉及费用22.5万元。该变更不影响总工期。

A单位针对上述情况均按合规程序向建设单位提出索赔。建设单位认为上述事项全部由罕见强台风导致，非建设单位过错，应属于总价合同模式下施工单位应承担的风险，均不予同意。

问题：

1. 指出本工程招标文件中不妥之处，并写出相应正确做法。

2. 根据工程量清单计价原则，通用措施费用项目有哪些（至少列出6项）？

3. 根据《建筑工程施工转包违法分包等违法行为认定查处管理办法》（建市〔2014〕118号），上述分包行为中哪些属于违法行为？并说明相应理由。

4. 针对A单位提出的四项索赔，分别判断是否成立？

参考答案及解析

一、单项选择题

1. B 【解析】严禁将幼儿、老年人生活用房设在地下室或半地下室。(该知识点已删除)

2. C 【解析】在强烈地震作用下，多层砌体房屋的破坏部位主要是墙身，楼盖本身的破坏较轻。

3. A 【解析】建筑物原有的楼面或屋面上的各种面荷载传到梁上或条形基础上时，可简化为单位长度上的分布荷载，称为线荷载。装饰装修施工过程中常见的荷载变动主要有：在楼面上加铺任何材料属于对楼板增加了面荷载；在室内增加隔墙、封闭阳台属于增加了线荷载；在室内增加装饰性的柱子，特别是石柱，悬挂较大的吊灯，房间局部增加假山盆景，属于增加了集中荷载。

4. D 【解析】直接接触土体浇筑的构件，其混凝土保护层厚度不应小于 70mm。

5. C 【解析】HPB300 常用符号为“ϕ”，HRB300 常用符号为“Φ”，HRB400 常用符号为“Φ”，HRB500 常用符号为“Φ”。(该知识点已删除)

6. B 【解析】P·O 代表普通水泥、P·Ⅰ、P·Ⅱ代表硅酸盐水泥。强度等级中，R 表示早强型。

7. D 【解析】钢尺的主要作用是距离测量，钢尺量距是目前楼层测量放线最常用的距离测量方法。

8. C 【解析】后浇带通常根据设计要求留设，并保留一段时间（若设计无要求，则至少保留 14d 并经设计确认）后再浇筑，将结构连成整体。填充后浇带，可采用微膨胀混凝土，强度等级比原结构强度提高一级，并保持至少 14d 的湿润养护。

9. A 【解析】灌浆作业应及时做好施工质量检查记录，并按要求每工作班应制作 1 组且每层不应少于 3 组 40mm×40mm×160mm 的长方体试件，标准养护 28d 后进行抗压强度试验，选项 A 正确、选项 C 错误。浆料应在制备后 30min 内用完，选项 B 错误。灌浆施工时环境温度不应低于 5℃；当连接部位温度低于 10℃时，应对连接处采取加热保温措施，选项 D 错误。

10. B 【解析】采用胶缝传力的，胶缝采用硅酮结构密封胶，选项 A 错误。全玻璃幕墙可以在现场打硅酮结构密封胶，选项 C 错误。不同金属的接触面之间不可直接密贴连接，防止双金属腐蚀，选项 D 错误。

11. B 【解析】冬期施工期限划分原则是：根据当地多年气象资料统计，当室外日平均气温连续 5d 稳定低于 5℃即进入冬期施工，当室外日平均气温连续 5d 高于 5℃即解除冬期施工。凡进行冬期施工的工程项目，应编制冬期施工专项方案。

12. D 【解析】绿色施工是在全寿命期内，最大限度地节约资源（节能、节地、节水、节材）、保护环境、减少污染，为人们提供健康、适用和高效的使用空间，与自然和谐共生的建筑。

13. A 【解析】在非固定的、无明显危险因素的场所进行用火作业，均属三级动火作业。选项 B、D，地下室内焊接管道、现场堆有大量可燃和易燃物质的场所属于一级动火的情况。选项 C，危险性较大的登高焊、割作业，属于一级动火情况，在具有一定危险因素的非禁火区域内进行临时焊、割等用火作业，属于二级动火的情况。

14. D 【解析】一般路段的围挡高度不得低于 1.8m；市区主要路段的施工现场，其围挡高度至少应为 2.5m。

15. D 【解析】夜间施工一般指当日 22 时至次日 6 时，特殊地区可由当地政府部门另行规定。

16. C 【解析】安全标志分为禁止标志、警告标志、指令标志和提示标志四类。

17. D 【解析】检验批应由专业监理工程师组织施工单位项目专业质量检查员、专业工长等进行验收。

18. B 【解析】建设单位应当自工程竣工验收合格之日起 15d 内，依照相关规定，向工程所在地的县级以上地方人民政府建设行政主管部门备案。

19. B【解析】工程文件应采用碳素墨水、蓝黑墨水等耐久性强的书写材料。

20. A【解析】易燃物品应相对集中放置在安全区域并应有明显标识，选项 B 错误。明火作业需要开动火证，选项 C 错误。严禁在施工现场吸烟，选项 D 错误。

二、多项选择题

21. ABC【解析】钢材的主要性能包括力学性能和工艺性能。其中力学性能是钢材最重要的使用性能，包括拉伸性能、冲击性能、疲劳性能等；工艺性能表示钢材在各种加工过程中的行为，包括弯曲性能和焊接性能等。

22. CDE【解析】花岗石构造致密、强度高、密度大、吸水率极低、质地坚硬、耐磨，为酸性石材，因此其耐酸、抗风化、耐久性好，使用年限长。所含石英在高温下会发生晶变，体积膨胀而开裂、剥落，所以不耐火，但因此而适宜制作火烧板。

23. ABE【解析】土方回填施工前应确定回填料含水量控制范围、铺土厚度、压实遍数等施工参数。

24. ABCE【解析】钢筋混凝土灌注桩按其成孔方法不同，可分为钻孔灌注桩、沉管灌注桩和人工挖孔灌注桩等几类，选项 C、E 正确。挤密碎石桩，是指用振动、冲击或振动水冲等方式在软弱地基中成孔，在将碎石或者砂挤压入孔，形成大直径的由碎石或砂所构成的密实桩体，具有挤密、置换、排水、垫层和加筋等加固作用。CFG 水泥粉煤灰碎石桩是在碎石桩基础上加进一些石屑、粉煤灰和少量水泥。施工工艺是相同的。

25. BDE【解析】钢筋加工包括调直、除锈、下料切断、接长、弯曲成型等。

26. ABCD【解析】电工作业应持有效证件，电工等级应与工程的难易程度和技术复杂性相适应。电工作业由二人以上配合进行，并按规定穿绝缘鞋、戴绝缘手套、使用绝缘工具；严禁带电作业和带负荷插拔插头等。

27. BCDE【解析】焊条、焊剂、药芯焊丝、电渣焊熔嘴和焊钉用的瓷环等使用前，应按其产品说明书及焊接工艺文件的规定进行烘焙。

28. ACDE【解析】移动式操作平台台面不得超过 $10m^2$，高度不得超过 5m，台面脚手板要铺满钉牢，台面四周设置防护栏杆。平台移动时，作业人员必须下到地面，不允许带人移动平台。

29. BCD【解析】根据《建筑机械使用安全技术规程》(JGJ 33—2012)，遇有六级及六级以上大风、大雨、大雪、雾等恶劣天气，应停止作业，将吊钩升起。行走式塔吊要夹好轨钳。雨雪过后，应先经过试吊，确认制动器灵敏可靠后方可进行作业。

30. ACD【解析】建筑材料和产品进行复验项目：保温隔热材料的导热系数、密度、抗压强度或压缩强度。

三、实务操作和案例分析题

（一）

【参考答案】

1. (1) 关键线路为 A→C→F→H→I→L。

   (2) 总工期＝2＋7＋10＋1＋7＋3＝30（周）。

2. 项目技术负责人还应补充的内容有：工程建设概况，工程施工情况，单位工程进度计划，分阶段进度计划，单位工程准备工作计划，劳动力需用量计划，主要材料、设备及加工计划，主要施工机械和机具需要量计划，主要施工方案及流水段划分，各项经济技术指标要求等。

3. (1) 重新绘制调整后的施工进度计划网络图如下图所示：

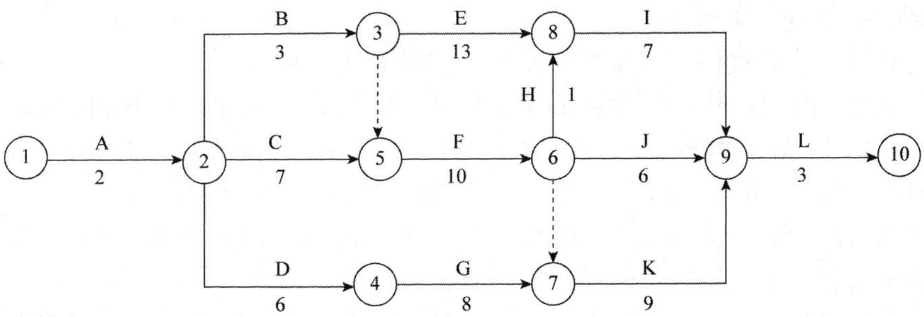

(2) 调整后的关键线路为：A→C→F→K→L。

调整后的总工期为：2+7+10+9+3=31（周）。

4. (1) 各工序均按最早开始时间考虑，特种设备计取租赁费用时长为7+10+9=26（周）。

(2) 优化工序的起止时间后，特种设备应在第7周初进场。

(3) 优化后特种设备计取租赁时间为3+10+9=22（周）。

(二)

【参考答案】

1. (1) 存在问题一：施工总承包单位进场后，项目质量总监组织编制了项目检测试验计划。

正确做法：施工检测试验计划应在工程施工前由施工项目技术负责人组织有关人员编制。

存在问题二：经施工企业技术部门审批后实施。

正确做法：应报送监理单位进行审查和监督实施。

(2) 钢筋进场时，应按国家现行有关标准抽样检验其屈服强度、抗拉强度、伸长率及单位长度重量偏差。

2. (1) 地下部分应修正补充的措施：柱、墙混凝土设计强度比梁、板混凝土设计强度高两个等级及以上时，应在交界区域采取分隔措施。分隔位置应在低强度等级的构件中，且距高强度等级构件边缘不应小于500mm。

(2) 地上部分应补充确认的程序：柱、墙位置梁、板高度范围内的混凝土采用与梁、板混凝土设计强度等级相同的混凝土进行浇筑，需经设计单位同意。

3. (1) 不妥之处一：专业监理工程师组织了竣工预验收。

正确做法：应由总监理工程师组织各专业监理工程师对工程质量进行竣工预验收。

(2) 不妥之处二：总监理工程师及时向建设单位申请工程竣工验收。

正确做法：预验收通过后，由施工单位向建设单位提交工程竣工报告。

4. 工程竣工资料移交的程序是：

(1) 施工单位应向建设单位移交施工资料。

(2) 实行施工总承包的，各专业承包单位应向施工总承包单位移交施工资料。

(3) 监理单位应向建设单位移交监理资料。

(4) 建设单位应按国家有关法规和标准规定向城建档案管理部门移交工程档案，并办理相关手续。有条件时，向城建档案管理部门移交的工程档案应为原件。

(三)

【参考答案】

1. 根据本工程周边环境现状，基坑周边环境必须监测如下内容：

(1) 坑外地形的变形监测。

(2) 邻近建筑物的沉降与倾斜监测。

（3）地下管线的沉降和位移监测。

2.（1）不妥之处一：专业分包单位仅编制了基坑支护专项施工方案。

正确做法：基坑支护与降水、土方开挖必须编制专项施工方案，并出具安全验算结果。开挖深度超过3m（含3m）的基坑的土方开挖、支护、降水工程均需要编制安全专项施工方案。开挖深度超过5m（含5m）的基坑的土方开挖、支护、降水工程，需要组织专家论证。

（2）不妥之处二：分包单位技术负责人审批签字后报总承包单位备案并直接上报监理单位审查，总监理工程师审查通过。

正确做法：实行施工总承包的，专项方案应由总承包单位技术负责人及分包单位技术负责人签字并加盖单位公章，需专家论证的专项施工方案不得直接上报监理单位审核签字。

（3）不妥之处三：分包单位组织召开专家论证会。

正确做法：超过一定规模的危险性较大的分部分项工程专项方案应当由施工单位组织召开专家论证会。实行施工总承包的，由施工总承包单位组织召开专家论证。

（4）不妥之处四：组织了3名符合相关专业要求的专家及参建各方相关人员召开论证会。

正确做法：专家组成员应当由5名及以上符合相关专业要求的专家组成。与本工程有利害关系的人员不得以专家身份参加专家论证会。

（5）不妥之处五：分包单位按论证意见进行修改后拟按此方案实施，但被建设单位技术负责人以不符合相关规定为由要求整改。

正确做法：施工单位应当根据论证报告修改完善专项方案，经施工单位技术负责人、项目总监理工程师、建设单位项目负责人签字后方可组织实施。

3. 施工升降机检查和评定的保证项目还包括：安全装置、附墙架、钢丝绳、滑轮与对重。

4.（1）施工单位对室内环境污染物抽检房间数量减半的理由成立。

理由：民用建筑工程验收中，凡进行了样板间室内环境污染物浓度检测且检测结果合格的，抽检数量减半并不得少于3间。

（2）再次检测时，抽检数量应增加1倍，并应包含同类型房间及原不合格房间，共需检测14间房间。再次检测结果全部符合规范要求时，判定为室内环境质量合格。

（四）

【参考答案】

1.（1）不妥之处一：要求投标单位充分考虑风险。

正确做法：采用工程量清单计价的工程，应在招标文件中明确计价中的风险内容及其范围（幅度），不得采用无限风险、所有风险或类似语句规定计价中的风险内容及其范围（幅度）。

（2）不妥之处二：通用措施费项目均以有竞争力的报价投标。

正确做法：通用措施费项目中的安全文明施工费不得作为竞争性费用。

（3）不妥之处三：最终按固定总价合同签订施工合同。

正确做法：工程清单计价本质上是单价合同的计价模式。

2. 通用措施费项目包括：安全文明施工费、夜间施工费、二次搬运费、冬雨期施工增加费、已完工程及设备保护费、工程定位复测费、特殊地区施工增加费、大型机械设备进出场及安拆费、脚手架工程费。

3.（1）违法行为之一：A单位将物业配套楼整体分包给B单位。

理由：物业配套楼包括主体结构施工，施工总承包单位将建设工程主体结构的施工分给其他单位的（钢结构工程除外），属于违法分包行为。

（2）违法行为之二：C单位未在施工现场设立项目管理机构。

理由：施工总承包单位或专业承包单位未在施工现场设立项目管理机构或未派驻项目负责人、技术负责人、质量管理负责人、安全管理负责人等主要管理人员，不履行管理义务，未对该工程的施工活动进行组织管理的，属于转包行为。

(3) 违法行为之三：A 单位将自行施工的 8 栋楼主体结构工程劳务（包含钢筋、混凝土主材与模架等周转材料）分包给 D 单位。

理由：劳务单位除计取劳务作业费以外，还计取主要建筑材料款、周转材料款和大中型施工机械设备费用的，属于违法分包行为。

4. (1) 24 天工期索赔成立。

理由：不可抗力造成的工期延误应该由建设单位承担。

(2) 窝工费用索赔不成立。

理由：不可抗力造成的人员窝工，各自承担。

(3) 工程清理及修复费用索赔成立。

理由：不可抗力造成的工程损失及修复费用由建设单位承担。

(4) 设计变更涉及的费用索赔成立。

理由：设计变更造成的费用增加由建设单位承担。

准考证号：__________

考生姓名：__________

工作单位：__________

2018 年全国二级建造师执业资格考试

建筑工程管理与实务

考生注意事项

1. 答题前，考生须在试题册指定位置上填写工作单位、考生姓名和准考证号；在答题卡指定位置上填写考生姓名和准考证号，并涂写准考证号信息点。
2. 选择题的答案必须涂写在答题卡相应题号的选项上，非选择题的答案必须书写在答题卡指定位置的边框区域内。超出答题区域书写的答案无效；在草稿纸、试题册上答题无效。
3. 填（书）写部分必须使用黑色字迹签字笔或者钢笔书写，字迹工整、笔迹清楚；涂写部分必须使用 2B 铅笔填涂。
4. 考试结束，将答题卡和试题册按规定交回。

一、单项选择题（共 20 题，每题 1 分。每题的备选项中，只有 1 个最符合题意）

1. 按照民用建筑分类标准，属于超高层建筑的是（　　）。
   A. 高度 50m 的建筑
   B. 高度 70m 的建筑
   C. 高度 90m 的建筑
   D. 高度 110m 的建筑

2. 严禁将地下室作为主要用房的是（　　）。
   A. 歌舞厅　　　　B. 老年人生活用房
   C. 游戏厅　　　　D. 放映厅

注：此类加灰标记的题目，其知识点已删除，可略过学习。

3. 不属于应急照明光源的是（　　）。
   A. 备用照明　　　　B. 疏散照明
   C. 延时照明　　　　D. 安全照明

4. 预应力混凝土构件的混凝土最低强度等级不应低于（　　）。
   A. C25　　　　B. C30
   C. C35　　　　D. C40

5. 属于永久荷载的是（　　）。
   A. 固定设备　　　　B. 活动隔墙
   C. 风荷载　　　　D. 雪荷载

6. 在工程应用中，通常用于表示钢材塑性指标的是（　　）。
   A. 伸长率　　　　B. 抗拉强度
   C. 屈服强度　　　　D. 疲劳性能

7. 根据国家的有关规定，终凝时间不得长于 6.5h 的水泥是（　　）。
   A. 硅酸盐水泥
   B. 普通硅酸盐水泥
   C. 矿渣硅酸盐水泥
   D. 火山灰质硅酸盐水泥

8. 影响混凝土拌合物和易性的最主要因素是（　　）。
   A. 石子　　　　B. 砂子
   C. 水泥　　　　D. 单位体积用水量

9. 木材在使用前进行烘干的主要目的是（　　）。
   A. 使其含水率与环境湿度基本平衡
   B. 减轻重量
   C. 防虫防蛀
   D. 就弯取直

10. 关于建筑花岗岩石材特性的说法，正确的是（　　）。
   A. 强度低　　　　B. 呈酸性

C. 密度小　　D. 硬度低

11. 下列通常应用于工业用水的塑料管道是（　　）。

A. 硬聚氯乙烯（PVC-U）管　　B. 氯化聚氯乙烯（PVC-C）管

C. 无规共聚聚丙烯管（PP-R 管）　　D. 交联聚乙烯管（PE-X 管）

12. 下列不属于安全玻璃的是（　　）。

A. 钢化玻璃　　B. 防火玻璃

C. 平板玻璃　　D. 夹层玻璃

13. 楼层放线最常用的距离测量器具是（　　）。

A. 全站仪　　B. 水准仪

C. 钢尺　　D. 经纬仪

14. 一般情况下，建筑施工企业良好行为记录公布期限为（　　）年。

A. 1　　B. 2

C. 3　　D. 4

15. 当设计无要求时，模板的拆除顺序正确的是（　　）。

A. 从下而上　　B. 先支的先拆

C. 先拆承重模板　　D. 先拆非承重模板

16. 在现场施工中，属于一级动火作业的是（　　）。

A. 小型油箱

B. 比较密封的地下室

C. 登高焊

D. 无明显危险因素的露天场所

17. 市区施工现场主要路段围挡高度不得低于（　　）m。

A. 1.5　　B. 1.8

C. 2.0　　D. 2.5

18. 现场临时用电施工组织设计的编制人员是（　　）。

A. 项目经理

B. 技术负责人

C. 电气工程技术人员

D. 安全员

19. 需要组织专家进行安全专项施工方案论证的是（　　）。

A. 开挖深度 3.5m 的基坑（槽）的土方开挖工程

B. 施工高度 60m 的建筑幕墙安装工程

C. 架体高度 15m 的悬挑脚手架工程

D. 搭设高度 30m 的落地式钢管脚手架工程

20. 项目职业安全健康技术措施计划的主持编制人是（　　）。

A. 安全总监　　B. 项目经理

C. 生产经理　　D. 技术负责人

二、多项选择题（共10题，每题2分。每题的备选项中，有2个或2个以上符合题意，至少有1个错项。错选，本题不得分；少选，所选的每个选项得0.5分）

21. 建筑构造设计的原则有（　　）。

A. 坚固实用　　B. 技术先进

C. 经济合理　　D. 视野开阔

E. 美观大方

22. 关于框架结构震害的说法，正确的有（　　）。

A. 柱的震害重于梁

B. 柱顶的震害重于柱底

C. 内柱的震害重于角柱

D. 短柱的震害重于一般柱

E. 多层房屋的楼盖震害重于墙身

23. 在室内装饰装修过程中，属于集中荷载的有（　　）。

A. 石柱　　B. 吊灯

C. 局部假山　　D. 盆景

E. 室内隔墙

24. 关于水泥基渗透结晶型防水涂料特点的说法，正确的有（　　）。

A. 是一种柔性防水材料　　B. 具有独特的保护钢筋能力

C. 节省人工　　D. 具有防腐特性

E. 耐老化

25. 关于氟碳涂料特性的说法，正确的有（　　）。

A. 耐酸碱性　　B. 耐腐蚀性

C. 耐高低温性　　D. 耐污性

E. 涂层硬度低

26. 关于普通混凝土小砌块施工的做法，正确的有（　　）。

A. 在施工前先浇水湿透

B. 清除表面污物

C. 底面朝下正砌于墙上

D. 底面朝上反砌于墙上

E. 小砌块在使用时的产品龄期已达到28d

27. 屋面防水施工基本要求正确的有（　　）。

A. 以排为主，以防为辅

B. 上下层卷材不得相互垂直铺贴

C. 屋面卷材防水施工时，由高向低铺贴

D. 天沟卷材施工时，宜顺天沟方向铺贴

E. 立面或大坡面铺贴卷材应采用满粘法

28. 关于建筑幕墙防雷构造施工的做法，正确的有（　　）。

A. 幕墙的金属框架应与主体结构的防雷体系可靠连接

B. 每三层设一道均压环

C. 每隔 15m 上下立柱采用柔性导线连接

D. 有镀膜层的构件，应除去其镀膜层后进行连接

E. 防雷连接的钢构件在完成后都应进行防锈油漆处理

29. 关于施工现场环境保护的做法，正确的有（　　）。

A. 夜间施工需办理夜间施工许可证

B. 现场土方应采取覆盖、绿化等措施

C. 现场生活垃圾可作为回填土再利用

D. 食堂应设置隔油池

E. 厕所的化粪池应做抗渗处理

30. 受控制的室内环境空气污染物有（　　）。

A. 氡　　　　B. 甲醛

C. 乙醇　　　　D. 苯

E. 总挥发性有机化合物（TVOC）

三、案例分析题（共 4 题，每题 20 分）

（一）

背景资料：

某办公楼工程，框架结构，钻孔灌注桩基础，地下 1 层，地上 20 层，总建筑面积为 25 000m^2，其中地下建筑面积为 3 000m^2。施工单位中标后与建设单位签订了施工承包合同，合同约定："……至 2014 年 6 月 15 日竣工，工期目标为 470 日历天；质量目标合格；主要材料由施工单位自行采购；因建设单位原因导致工期延误，工期顺延，每延误一天支付施工单位 10 000 元/天的延误费……"。合同签订后，施工单位实施了项目进度策划，其中上部标准层结构工序安排见下表：

上部标准层结构工序安排表

工作内容	施工准备	模板支撑体系搭设	模板支设	钢筋加工	钢筋绑扎	管线预埋	混凝土浇筑
工序编号	A	B	C	D	E	F	G
时间（天）	1	2	2	2	2	1	1
紧后工序	B、D	C、F	E	E	G	G	/

桩基施工时遇地下溶洞（地质勘探未探明），由此造成工期延误 20 日历天。施工单位向建设单位提交索赔报告，要求延长工期 20 日历天，补偿误工费 20 万元。

地下室结构完成，施工单位自检合格后，项目负责人立即组织总监理工程师及建设单位、勘察单位、设计单位项目负责人进行地基基础分部验收。

施工至十层结构时，因商品混凝土供应迟缓，延误工期 10 日历天。施工至二十层结构时，

建设单位要求将该层进行结构变更，又延误工期15日历天。施工单位向建设单位提交索赔报告，要求延长工期25日历天，补偿误工费25万元。

装饰装修阶段，施工单位采取编制进度控制流程、建立协调机制等措施，保证合同约定工期目标的实现。

问题：

1. 根据上部标准层结构工序安排表绘制出双代号网络图，找出关键线路，并计算上部标准层结构每层工期是多少日历天？

2. 本工程地基基础分部工程的验收程序有哪些不妥之处？说明理由。

3. 除采取组织措施外，施工进度控制措施还有哪几种措施？

4. 施工单位索赔成立的工期和费用是多少？逐一说明理由。

（二）

背景资料：

某写字楼工程，建筑面积为8 640m^2，建筑高度为40m，地下1层，基坑深度为4.5m，地上11层，钢筋混凝土框架结构。

施工单位中标后组建了项目部，并与项目部签订了项目目标管理责任书。

基坑开挖前，施工单位委托具备相应资质的第三方对基坑工程进行现场监测，监测单位编制了监测方案，经建设方、监理方认可后开始施工。

项目部进行质量检查时，发现现场安装完成的木模板内有铅丝及碎木屑，责令项目部进行整改。

隐蔽工程验收合格后，施工单位填报了浇筑申请单，监理工程师签字确认。施工班组将水平输送泵管固定在脚手架小横杆上，采用振动棒倾斜于混凝土内由近及远、分层浇筑，监理工程师发现后责令停工整改。

问题：

1. 施工单位应根据哪些因素组建项目部？

2. 本工程在基坑监测管理工作中有哪些不妥之处？说明理由。

3. 混凝土浇筑前，项目部应对模板分项工程进行哪些检查？

4. 在浇筑混凝土工作中，施工班组的做法有哪些不妥之处？说明正确做法。

（三）

背景资料：

某企业新建办公楼工程，地下1层，地上16层，建筑高度为55m，地下建筑面积为3 000m²，总建筑面积为21 000m²，现浇混凝土框架结构。一层大厅高12m，长32m，大厅处有3道后张预应力混凝土梁。合同约定："……工程开工时间为2016年7月1日，竣工日期为2017年10月31日。总工期为488天；冬期停工35天，弱电、幕墙工程由专业分包单位施工……"总包单位与幕墙单位签订了专业分包合同。

总包单位在施工现场安装了一台塔吊用于垂直运输，在结构、外墙装修施工时，采用落地双排扣件式钢管脚手架。

结构施工阶段，施工单位相关部门对项目安全进行检查，发现外脚手架存在安全隐患，责令项目部立即整改。

大厅后张预应力混凝土梁浇筑完成25天后，生产经理凭经验判定混凝土强度已达到设计要求，随即安排作业人员拆除了梁底模板并准备进行预应力张拉。

外墙装饰完成后，施工单位安排工人拆除外脚手架。在拆除过程中，上部钢管意外坠落击中下部施工人员，造成1名工人死亡。

问题：

1. 总包单位与专业分包单位签订分包合同的过程中，应重点落实哪些安全管理方面的工作？

2. 项目部应在哪些阶段进行脚手架检查和验收？

3. 预应力混凝土梁底模板拆除工作有哪些不妥之处？说明理由。

4. 安全事故分几个等级？本次安全事故属于哪种安全事故？当交叉作业无法避开在同一垂直方向上操作时，应采取什么措施？

（四）

背景资料：

某开发商投资兴建办公楼工程，建筑面积为 9 600m²，地下 1 层，地上 8 层，现浇钢筋混凝土框架结构。经公开招投标，某施工单位中标，中标清单部分费用分别是：分部分项工程费为 3 793 万元、措施项目费为 547 万元、脚手架费为 336 万元、暂列金额为 100 万元、其他项目费为 200 万元、规费及税金为 264 万元，双方签订了工程施工承包合同。

施工单位为了保证项目履约，进场施工后立即着手编制项目管理规划大纲，实施项目管理实施规划，制定了项目部内部薪酬计酬办法，并与项目部签订项目目标管理责任书。

项目部为了完成项目目标责任书的目标成本，采用技术与商务相结合的办法，分别制定了 A、B、C 三种施工方案：A 施工方案成本为 4 400 万元，功能系数为 0.34；B 施工方案成本为 4 300 万元，功能系数为 0.32；C 施工方案成本为 4 200 万元，功能系数为 0.34。项目部通过开展价值工程工作，确定最终施工方案，并进一步对施工组织设计等进行优化，制定了项目部责任成本，摘录数据见下表。

项目部责任成本表

相关费用	金额（万元）
人工费	477
材料费	2 585
机械费	278
措施费	220
企业管理费	280
利润	……
规费	80
税金	……

施工单位为了落实用工管理，对项目部劳务人员实名制管理进行检查。发现项目部在施工现场配备了专职劳务管理人员，登记了劳务人员基本身份信息，存有考勤、工资结算及支付记录。施工单位认为项目部劳务实名制管理工作仍不完善，责令项目部进行整改。

问题：

1. 施工单位签约合同价是多少万元？建筑工程造价有哪些特点？

2. 列式计算项目部三种施工方案的成本系数、价值系数（保留 3 位小数），并确定最终采用哪种方案？

3. 计算本项目的直接成本、间接成本各是多少万元？在成本核算工作中要做到哪“三同步”？

4. 项目部在劳务人员实名制管理工作中还应该完善哪些工作？

参考答案及解析

一、单项选择题

1. D【解析】除住宅建筑之外的民用建筑高度不大于 24m 者为单层和多层建筑，大于 24m 者为高层建筑（不包括高度大于 24m 的单层公共建筑）。建筑高度大于 100m 的民用建筑为超高层建筑。

2. B【解析】地下室、半地下室作为主要用房使用时，应符合安全、卫生的要求，并应符合下列要求：严禁将幼儿、老年人生活用房设在地下室或半地下室；建筑物内的歌舞、娱乐、放映、游艺场所不应设置在地下二层及以下；当设置在地下一层时，地下一层地面与室外出入口地坪的高差不应大于 10m。（该知识点已删除）

3. C【解析】应急照明包括疏散照明、安全照明和备用照明，必须选用能瞬时启动的光源。

4. D【解析】预应力混凝土构件的混凝土最低强度等级不应低于 C40。

5. A【解析】永久荷载包括结构构件、围护构件、面层及装饰、固定设备、长期储物的自重，土压力、水压力，以及其他需要按永久荷载考虑的荷载，例如：固定隔墙的自重、水位不变的水压力、预应力、地基变形、混凝土收缩、钢材焊接变形、引起结构外加变形或约束变形的各种施工因素。

6. A【解析】钢材在受力破坏前可以经受永久变形的性能，称为塑性。在工程应用中，钢材的塑性指标通常用伸长率表示。

7. A【解析】国家标准规定，六大常用水泥的初凝时间均不得短于 45min，硅酸盐水泥的终凝时间不得长于 6.5h，其他五类常用水泥的终凝时间不得长于 10h。

8. D【解析】影响混凝土拌合物和易性的主要因素包括单位体积用水量、砂率、组成材料的性质、时间和温度等。单位体积用水量决定水泥浆的数量和稠度，它是影响混凝土和易性的最主要因素。

9. A【解析】湿胀干缩变形会影响木材的使用特性。干缩会使木材翘曲、开裂，接榫松动，拼缝不严。湿胀可造成表面鼓凸，所以木材在加工或使用前应预先进行干燥，使其含水率达到或接近与环境湿度相适应的平衡含水率。

10. B【解析】花岗石构造致密、强度高、密度大、吸水率极低、质地坚硬、耐磨，为酸性石材，因此其耐酸、抗风化、耐久性好，使用年限长。

11. B【解析】硬聚氯乙烯（PVC-U）管主要用于给水管道（非饮用水）、排水管道、雨水管道；氯化聚氯乙烯（PVC-C）管主要应用于冷热水管、消防水管系统、工业管道系统；无规共聚聚丙烯管（PP-R管）主要应用于饮用水管、冷热水管；交联聚乙烯管（PE-X 管）主要用于地板辐射采暖系统的盘管。（该知识点已删除）

12. C【解析】安全玻璃包括钢化玻璃、防火玻璃和夹层玻璃。

13. C【解析】钢尺的主要作用是距离测量，钢尺量距是目前楼层测量放线最常用的距离测量方法。

14. C【解析】诚信行为记录由各省、自治区、直辖市建设行政主管部门在当地建筑市场诚信信息平台上统一公布。其中，不良行为记录信息的公布时间为行政处罚决定做出后 7 日内，公布期限一般为 6 个月至 3 年；良好行为记录信息公布期限一般为 3 年，法律、法规另有规定的从其规定。

15. D【解析】模板拆除时，拆模的顺序和方法应按模板的设计规定进行。当设计无规定时，可采取先支的后拆、后支的先拆，先拆非承重模板、后拆承重模板的顺序，并应从上而下进行拆除。

16. B【解析】凡属下列情况之一的动火，均为一级动火：①禁火区域内；②油罐、油箱、油槽车和储存过可燃气体、易燃液体的容器及与其连接在一起的辅助设备；③各种受压设备；④危险性较大的登高焊、割作业；⑤比较密封的室内、容器内、地下室等场所；⑥现场堆有大量可燃和易燃物质的场所。

17. D 【解析】一般路段的围挡高度不得低于 1.8m，市区主要路段的围挡高度不得低于 2.5m。

18. C 【解析】临时用电组织设计应由电气工程技术人员组织编制，经相关部门审核及具有法人资格企业的技术负责人批准后实施。

19. B 【解析】开挖深度超过 5m（含 5m）的基坑（槽）的土方开挖、支护、降水工程应做安全专项施工方案，选项 A 错误。施工高度 50m 及以上的建筑幕墙安装工程应做安全专项施工方案，选项 B 正确。架体高度 20m 及以上悬挑式脚手架工程应做安全专项施工方案，选项 C 错误。搭设高度 50m 及以上落地式钢管脚手架工程应做安全专项施工方案，选项 D 错误。

20. B 【解析】项目职业健康安全技术措施计划应由项目经理主持编制，经有关部门批准后，由专职安全管理人员进行现场监督实施。(该知识点已删除)

二、多项选择题

21. ABCE 【解析】建筑构造设计的原则：①坚固实用；②技术先进；③经济合理；④美观大方。

22. ABD 【解析】震害调查表明，框架结构震害的严重部位多发生在框架梁柱节点和填充墙处；一般是柱的震害重于梁，柱顶的震害重于柱底，角柱的震害重于内柱，短柱的震害重于一般柱。

23. ABCD 【解析】在建筑物原有的楼面或屋面上放置或悬挂较重物品（如洗衣机、冰箱、空调机、吊灯等）时，其作用面积很小，可简化为作用于某一点的集中荷载。

24. BCDE 【解析】水泥基渗透结晶型防水涂料是一种刚性防水材料。具有独特的呼吸、防腐、耐老化、保护钢筋能力，环保、无毒、无公害，施工简单、节省人工等特点。

25. ABCD 【解析】氟碳涂料又称氟碳漆，属于新型高档高科技全能涂料。有优异的耐候性、耐污性、自洁性，耐酸碱、耐腐蚀、耐高低温性，涂层硬度高，与各种材质的基体有良好的粘结性能，色彩丰富有光泽，装饰性好，施工方便，使用寿命长。(该知识点已删除)

26. BDE 【解析】普通混凝土小型空心砌块砌体，砌筑前不需对小砌块浇水湿润；但遇天气干燥炎热，宜在砌筑前对其浇水湿润，选项 A 错误。小砌块应将生产时的底面朝上反砌于墙上，选项 C 错误。

27. BDE 【解析】屋面防水应以防为主，以排为辅，选项 A 错误。卷材防水层施工时，应先进行细部构造处理，然后由屋面最低标高向上铺贴，选项 C 错误。

28. ABDE 【解析】幕墙的铝合金立柱，在不大于 10m 范围内宜有一根立柱采用柔性导线，把每个上柱与下柱的连接处连通，选项 C 错误。

29. ABDE 【解析】现场产生的固体废弃物应在所在地县级以上地方人民政府环卫部门申报登记，分类存放。建筑垃圾和生活垃圾应与所在地垃圾消纳中心签署环保协议，及时清运处置。有毒有害废弃物应运送到专门的有毒有害废弃物中心消纳，选项 C 错误。

30. ABDE 【解析】受控制的室内环境污染物有氡、甲醛、氨、苯和总挥发性有机化合物（TVOC）。[该知识点已修改为：受控制的室内环境污染物有氡、甲醛、氨、苯、甲苯、二甲苯和总挥发性有机化合物（TVOC）。]

三、案例分析题

（一）

【参考答案】

1. （1）上部标准层结构工序施工双代号网络图如下：

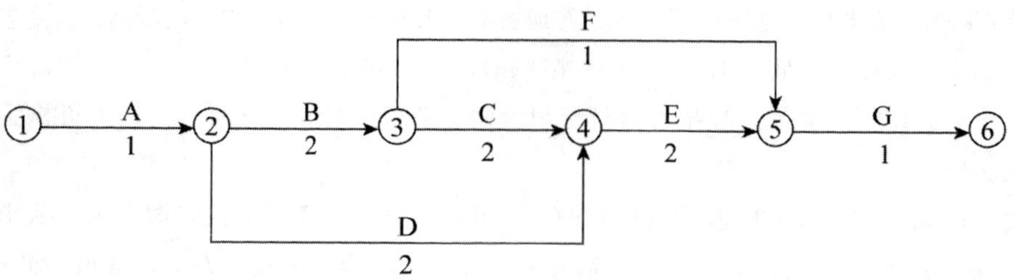

（2）关键线路：A→B→C→E→G。

（3）每层工期是 8 日历天。

2.（1）不妥之处一：施工单位自检合格后，项目负责人立即组织验收。

理由：施工单位确认自检合格后提出验收申请，应由总监理工程师或建设单位项目负责人组织验收。

（2）不妥之处二：组织总监理工程师及建设单位、勘察单位、设计单位项目负责人进行地基基础分部验收。

理由：应组织建设、监理、勘察、设计及施工单位的项目负责人、技术质量负责人，共同按设计要求和有关规定进行验收。

3. 施工进度控制措施除组织措施外，还应有管理措施、经济措施和技术措施。

4. 施工单位索赔成立的工期为 35 日历天，费用为 35 万元。

（1）桩基施工时遇地下溶洞，属于不利物质条件，由建设单位承担工期延误和费用补偿，因此索赔成立。施工单位可以索赔工期 20 日历天，补偿误工费 20 万元。

（2）因商品混凝土供应迟缓，造成的延误索赔不成立。建筑材料由施工单位自行采购，建设单位不负责索赔。

（3）因建设单位要求设计变更可以索赔，索赔工期 15 日历天，补偿误工费 15 万元。

（二）

【参考答案】

1. 项目管理组织机构形式应根据施工项目的规模、复杂程度、专业特点、人员素质和地域范围确定。

2.（1）不妥之处一：基坑开挖前，施工单位委托具备相应资质的第三方对基坑工程进行现场监测。

理由：基坑工程施工前，应由建设方委托具备相应资质的第三方对基坑工程实施现场监测。

（2）不妥之处二：监测单位编制了监测方案，经建设方、监理方认可后开始施工。

理由：监测单位应编制监测方案，经建设方、设计方、监理方等认可后方可实施。

3. 项目部应对模板分项工程进行下列检查：模板安装时接缝应严密；模板内不应有杂物、积水或冰雪等；模板与混凝土的接触面应平整、清洁；用作模板的地坪、胎模等应平整、清洁，不应有影响构件质量的下沉、裂缝、起砂或起鼓；对清水混凝土及装饰混凝土构件，应使用能达到设计效果的模板。

4.（1）不妥之处一：施工班组将水平输送泵管固定在脚手架小横杆上。

正确做法：输送泵管应采用支架固定，支架应与结构牢固连接，输送泵管转向处支架应加密。

（2）不妥之处二：采用振动棒倾斜于混凝土内由近及远、分层浇筑。

正确做法：应插入混凝土内由远及近浇筑。

（三）

【参考答案】

1. 总包单位应重点落实的安全管理工作包括：

（1）总包单位应对承揽分包工程的分包单位进行资质、安全生产许可证和相关人员安全生产资格的审查。

（2）总包单位与分包单位签订分包合同时，应签订安全生产协议书，明确双方的安全责任。

2. 脚手架应在下列阶段进行检查和验收：

(1) 基础完工后，架体搭设前。

(2) 每搭设完 6～8m 高度后。

(3) 作业层上施加荷载前。

(4) 达到设计高度后。

(5) 遇有六级及以上大风或大雨后。

(6) 冻结地区解冻后。

(7) 停用超过一个月的，在重新投入使用之前。

3. (1) 不妥之处一：生产经理凭经验判定混凝土强度已达到设计要求，随即安排作业人员拆模。

理由：生产经理应该向项目技术负责人申请拆模，项目技术负责人批准后才能拆模。

(2) 不妥之处二：安排作业人员拆除了梁底模板并准备进行预应力张拉。

理由：后张预应力混凝土结构构件，侧模宜在预应力张拉前拆除；底模支架不应在结构构件建立预应力前拆除。

4. (1) 安全事故分一般事故、较大事故、重大事故及特别重大事故四个等级。

(2) 本次安全事故属于一般事故。一般事故是指造成 3 人以下死亡，或者 10 人以下重伤，或者 100 万元以上 1 000 万元以下直接经济损失的事故。

(3) 交叉作业的安全控制要点：

①交叉作业人员不允许在同一垂直方向上操作，要做到上部与下部作业人员的位置错开，使下部作业人员的位置处在上部落物的可能坠落半径范围以外，当不能满足要求时，应设置安全隔离层进行防护。

②在拆除模板、脚手架等作业时，作业点下方不得有其他作业人员，防止落物伤人。拆下的模板等堆放时，不能过于靠近楼层边沿，应与楼层边沿留出不小于 1m 的安全距离，码放高度也不得超过 1m。

③结构施工自二层起，凡人员进出的通道口都应搭设符合规范要求的防护棚，高度超过 24m 的交叉作业，通道口应设双层防护棚进行防护。

(四)

【参考答案】

1. (1) 签约合同价＝分部分项工程费＋措施项目费＋其他项目费＋规费＋税金＝3 793＋547＋200＋264＝4 804（万元）。

(2) 建筑工程造价的特点有：①大额性；②个别性和差异性；③动态性；④层次性。

2. (1) 成本系数：

A 方案＝4 400/12 900＝0.341；

B 方案＝4 300/12 900＝0.333；

C 方案＝4 200/12 900＝0.326。

(2) 价值系数：

A 方案＝0.34/0.341＝0.997；

B 方案＝0.32/0.333＝0.961；

C 方案＝0.34/0.326＝1.043。

(3) 应采用 C 方案。

3. (1) ①直接成本＝人工费＋材料费＋机械费＋措施费＝477＋2 585＋278＋220＝3 560（万元）。

②间接成本＝企业管理费＋规费＝280＋80＝360（万元）。

(2) 项目成本核算应坚持形象进度、产值统计、成本归集的三同步原则。

4. 项目部在劳务人员实名制管理工作中还应该完善：培训和技能状况、从业经历、加强劳务人员动态监管和劳务纠纷调解处理。

用 | 通 | 过 | 率 | 说 | 话

全国二级建造师执业资格考试专业辅导用书

JIANZHU GONGCHENG GUANLI YU SHIWU

建筑工程管理与实务

历年真题 · 押题模拟

全国二级建造师执业资格考试命题研究中心 主编

环球网校建造师考试研究院 审定

押题模拟分册

押题模拟试卷（一）~（六）

东南大学出版社
SOUTHEAST UNIVERSITY PRESS

Qian Yan 前言

二级建造师，是建筑类的一种执业资格，是担任项目经理的前提条件。取得建造师执业资格证书经过注册登记后，即获得二级建造师注册证书，注册后的建造师方可受聘执业。二级建造师执业资格实行全国统一大纲，各省、自治区、直辖市命题并组织考试的制度。

本套丛书共分《建设工程法规及相关知识》《建设工程施工管理》《建筑工程管理与实务》《市政公用工程管理与实务》《机电工程管理与实务》《公路工程管理与实务》《水利水电工程管理与实务》《矿业工程管理与实务》八个科目，可供参加全国二级建造师执业资格考试的考生参考使用。

本套试卷特点如下：

真题详解，指点技巧，专家引导。对近年来的真题进行详细讲解，向考生展示考试的重点和难点，总结历年考试的命题规律，使考生能深刻领会命题人的出题意图，帮助考生获得专家般的点拨。

临考押题，把握趋势，突破无忧。在真题详解的基础上，试卷编委会又精心编写了具有预测性质的押题模拟试卷，力图通过对考点的精准把握帮助考生进行考前押题，达到事半功倍的复习效果。

扫码听课，名师讲解，快速提高。针对部分考试重难点，试卷中配以环球网校录制的考试微课，考生通过扫码听课，可以在老师的带领下把握做题的思路和关键点，绕过命题人的“坑”，使备考达到事半功倍的效果。

由于时间紧促、水平有限，书中难免有疏漏和不足之处，恳请广大读者批评指正。

全国二级建造师执业资格考试命题研究中心

《建筑工程管理与实务》押题模拟试卷（一）

（考试时间 180 分钟　满分 120 分）

一、单项选择题（共 20 题，每题 1 分。每题的备选项中，只有 1 个最符合题意）

1. 按民用建筑按地上高度和层数分类，下列属于高层民用建筑的是（　　）。

A. 25m 的住宅建筑

B. 30m 的单层公共建筑

C. 25m 的非单层公共建筑

D. 101m 的民用建筑

2. 当民用建筑高度大于（　　）m 时，应设置避难层。

A. 24　　B. 27

C. 50　　D. 100

3. 建筑工程中，高强度螺栓连接钢结构时，其紧固次序应为（　　）。

A. 从中间开始，对称向两边进行

B. 从两边开始，对称向中间进行

C. 从一边开始，依次向另一边进行

D. 根据螺栓受力情况而定

4. 能够同时测出角度和距离的仪器是（　　）。

A. 经纬仪　　B. 全站仪

C. 水准仪　　D. 铅直仪

5. 厚度为 3～5mm 的净片玻璃可直接用于的部位是（　　）。

A. 有框门窗　　B. 隔断

C. 橱窗　　D. 无框门

6. 条形基础一般应（　　）连续浇筑，每段间混凝土浇筑长度为 2 000～3 000mm。

A. 分段分层　　B. 斜面分层

C. 全面分层　　D. 交叉分层

7. 通常条件下，对梁变形影响最大的因素是（　　）。

A. 材料性能　　B. 构件跨度

C. 构件截面　　D. 荷载

8. 《砌体工程施工质量验收规范》规定，施工时所用的小砌块其产品龄期不应小于（　　）d。

A. 12　　B. 24

C. 28　　D. 36

9. 基槽底采用钎探时，钢钎每贯入（　　）mm，记录一次锤击数。

A. 200　　B. 250

C. 300　　D. 350

10. 现浇混凝土工程模板支撑系统立柱安装时，必须加设（　　）。

A. 竖向拉结和剪刀撑　　B. 水平拉结和剪刀撑

C. 横向拉结和竖向拉结　　D. 水平拉结和竖向拉结

11. 某基础工程开挖与浇筑混凝土共两个施工过程，在 4 个施工段组织流水施工，流水节拍值分别为 4、3、2、5d 与 3、2、4、3d，则流水步距与流水施工工期分别为(　　) d。

A. 5 和 17　　B. 5 和 19

C. 4 和 16　　D. 4 和 26

12. 对钢筋混凝土所用粗骨料进场复验时，不属于必须复验的项目是（　　）。

A. 颗粒级配　　B. 含泥量

C. 压碎指标　　D. 泥块含量

13. 连续梁、板的受力特点是（　　）。

A. 跨中正弯矩，支座负弯矩　　B. 跨中正弯矩，支座正弯矩

C. 跨中负弯矩，支座正弯矩　　D. 跨中负弯矩，支座负弯矩

14. 整体面层施工后，养护时间不应小于（　　）d；抗压强度应达到 5MPa 后，方准上人行走。

A. 1　　B. 3　　C. 5　　D. 7

15. 中标通知书、施工合同协议书和施工合同专用条款是施工合同文件的组成部分，就这三部分而言，如果在施工合同文件中出现不一致时，其优先解释顺序为（　　）。

A. 中标通知书、施工合同协议书、施工合同专用条款

B. 施工合同协议书、中标通知书、施工合同专用条款

C. 施工合同协议书、施工合同专用条款、中标通知书

D. 中标通知书、施工合同专用条款、施工合同协议书

16. 多个警示牌一起布置时，其从左到右的排序应为（　　）。

A. 警告、禁止、指示、指令　　B. 警告、禁止、指令、提示

C. 禁止、警告、指示、指令　　D. 禁止、警告、指令、提示

17. 潮湿和易触及带电体场所的照明，电源电压最低不得大于（　　）V。

A. 12　　B. 24

C. 36　　D. 50

18. 对列入城建档案馆（室）接收范围的工程，实施总承包管理的，在竣工验收后应由（　　）向当地城建档案馆（室）移交一套符合规定的工程档案。

A. 建设单位　　B. 监理单位

C. 总承包单位　　D. 各单位分别

19. 一级动火申请表应由（　　）填写。

A. 生产负责人　　B. 安全总监

C. 项目负责人　　D. 技术负责人

20. 金属幕墙板面嵌缝应采用（　　）。

A. 碱性硅酮结构密封胶　　B. 中性硅酮结构密封胶

C. 酸性硅酮耐候密封胶　　D. 中性硅酮耐候密封胶

二、多项选择题（共 10 题，每题 2 分。每题的备选项中，有 2 个或 2 个以上符合题意，至少有 1 个错项。错选，本题不得分；少选，所选的每个选项得 0.5 分）

21. 结构的可靠性可概括为（　　）等方面。

A. 安全性　　B. 经济性

C. 适用性　　D. 稳定性

E. 耐久性

22. 多层砌体结构材料的特点有（　　）。

A. 脆性大　　B. 抗拉能力低

C. 抗剪能力高　　D. 抗弯能力低

E. 抵抗地震的能力差

23. 关于涂膜防水层施工工艺应符合的规定有（　　）。

A. 水乳型及溶剂型防水涂料宜选用刮涂或喷涂施工

B. 反应固化型防水涂料宜选用刮涂或喷涂施工

C. 聚合物水泥防水涂料不宜选用刮涂法施工

D. 热熔型防水涂料宜选用刮涂施工

E. 防水涂料用于细部构造时，不宜选用刷涂

24. 下列有利于大体积混凝土施工的措施有（　　）。

A. 掺入适量的微膨胀剂　　B. 采用二次抹面工艺

C. 适当提高水胶比　　D. 选用硅酸盐水泥

E. 降低混凝土的入模温度

25. 设计有钢筋混凝土构造柱的抗震多层砖房，下列施工做法中，正确的有（　　）。

A. 先绑扎构造柱钢筋，然后砌砖墙

B. 构造柱沿高度方向每 1 000mm 设一道拉结筋

C. 拉结筋每边深入砖墙不少于 500mm

D. 马牙槎沿高度方向的尺寸不超过 300mm

E. 马牙槎从每层柱脚开始，应先退后进

26. 项目施工中开发使用"四新"技术的依据是（　　）。

A. 先进施工工艺　　B. 先进施工方法

C. 现有施工技术水平　　D. "十项"新技术

E. 现有管理水平

27. 屋面卷材防水层上有重物覆盖或基层变形较大时，卷材铺贴应优先采用的铺贴方法有（　　）。

A. 空铺法　　B. 点粘法

C. 条粘法　　D. 冷粘法

E. 机械固定法

28. 安全技术交底的内容有（　　）。

A. 危险因素　　B. 施工方案

C. 操作规程　　D. 验收程序

E. 应急措施

29. 投标人在投标过程中不得作为竞争性费用的项目有（　　）。

A. 劳务费　　B. 安全文明施工费

C. 规费和税金　　D. 检测费

E. 主要材料费

30. 节能分部工程的验收可以由（　　）主持。

A. 政府监督部门　　B. 总监理工程师

C. 施工单位项目经理　　　　　　　　D. 设计单位节能设计负责人

E. 建设单位项目负责人

三、实务操作和案例分析题（共 4 题，每题 20 分）

（一）

背景资料：

某施工单位新建一栋办公楼，按照相关规范编制了工程的施工组织设计。

施工单位项目负责人组织了项目部首次会议。其中安排《施工组织设计》由项目技术部负责人主持编制，项目技术负责人审核后上报一分公司总工程师审批。

工程双代号时标网络图如下（时间：月）：

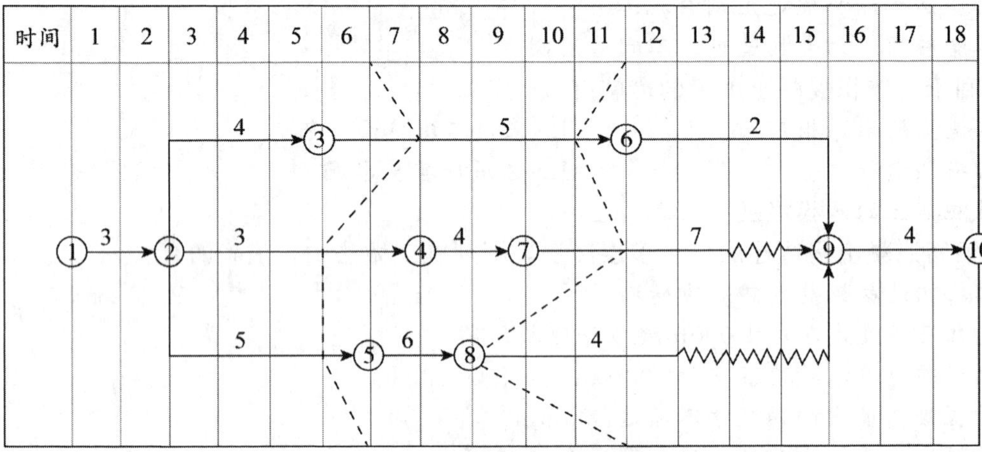

工程双代号时标网络图

其中：工作箭线上方的数字为该工作每月完成的投资额（单位：万元）。实际施工时，工作⑧→⑨由于业主变更图纸，施工单位停工待图拖延了 2 个月，但业主还要施工单位在规定时间内完成，施工单位据此向业主提出赶工费索赔 5 万元。

问题：

1. 指出施工组织设计过程的不妥之处，并说明理由。

2. 根据时标网络图进度前锋线分析 6 月底工程的实际进展情况。

3. 施工单位向业主索赔赶工费 5 万元是否成立？并说明理由。

4. 试从投资角度分析6月底的进度偏差及实际进展情况。

(二)

背景资料:

某机关综合办公楼工程，建筑面积22 000m^2，地上22层，地下2层，现浇框架混凝土结构。由某建筑工程公司施工总承包。

施工过程中发生了如下事件:

事件一: 对施工高峰期的用电设备、用电量进行了计算，计划使用设备16台。项目技术负责人组织编制了施工用电组织设计并立即开始实施。

事件二: 项目部在库房、道路、仓库等一般场所安装了额定电压为360V的照明器。监理单位要求整改。

事件三: 施工总承包单位的专项安全检查中发现:现场室外220V灯具距地面统一为2.5m;室内220V灯具距地面统一为2.2m;碘钨灯安装高度统一为2.8m。检查组下达了整改通知。

问题:

1. 事件一中，项目部的做法是否妥当?说明理由。

2. 施工用电配电系统各配电箱、开关箱的安装位置规定有哪些?

3. 事件二中，项目部的做法是否妥当?说明理由。施工现场一般场所还应有哪些?(最少写出五项)

4. 指出事件三中的不妥之处。并分别写出正确做法。

（三）

背景资料：

某房地产开发公司与某施工单位签订了一份价款为1 000万元的建筑工程施工合同，合同工期为7个月。工程价款约定如下：(1) 工程预付款为合同价的10%；(2) 工程预付款扣回的时间及比例：自工程款（含工程预付款）支付至合同价款的60%后，开始从当月的工程款中扣回工程预付款，分两个月扣回；(3) 工程质量保修金为工程结算总价的5%，竣工结算时一次性扣留；(4) 工程款按月支付，工程款达到合同总造价的90%停止支付，余款待工程结算完成并扣除保修金后一次性支付。每月完成的工作量见下表：

每月完成的工作量表

月份	3	4	5	6	7	8	9
实际完成工作量（万元）	80	160	170	180	160	130	120

工程施工过程中，双方签字认可因钢材涨价增补价差5万元，因施工单位保管不力罚款1万元。

问题：

1. 列式计算本工程预付款及其起扣点分别是多少万元？工程预付款从几月份开始起扣？

2. 7、8月份房地产开发公司应支付工程款多少万元？截止8月末累计支付工程款多少万元？

3. 工程竣工验收合格后双方办理了工程结算。工程竣工结算之前累计支付工程款是多少万元？本工程竣工结算是多少万元？本工程保修金是多少万元？（保留小数点后两位）

4. 根据《建设工程价款结算暂行办法》的规定，工程竣工结算方式分别有哪几种类型？本工程竣工结算属于哪种类型？

（四）

背景资料：

某办公楼工程，地下 1 层，地上 12 层，总建筑面积 26 800m^2，筏板基础，框架剪力墙结构。建设单位与某施工总承包单位签订了施工总承包合同。按照合同约定，施工总承包单位将装饰装修工程分包给了符合资质条件的专业分包单位。

合同履行过程中，发生了下列事件：

事件一：考虑到工期较紧，基坑开挖完成以后就由施工总承包单位直接申请验收，总监理工程师组织勘察、设计单位的项目负责人和施工总承包单位的相关人员等进行验槽。首先，验收小组经检验确认了该基坑不存在空穴、古墓、古井、防空掩体及其他地下埋设物；其次，根据勘察单位项目负责人的建议，验收小组仅核对基坑的位置之后就结束了验槽工作。

事件二：有一批次框架结构用的钢筋，施工总承包单位认为与上一批次已批准使用的是同一个厂家生产的，没有进行进场复验等质量验证工作，直接投入了使用。

事件三：总工程师在检查工程竣工验收条件时，确认施工总承包单位已经完成建设工程设计和合同约定的各项内容，有完整的技术档案与施工管理资料，以及勘察、设计、施工、工程监理等参建单位分别签署的质量合格文件并符合要求，但还缺少部分竣工验收条件所规定的资料。

在竣工验收时，建设单位要求施工总承包单位和装饰装修工程分包单位将各自的工程资料向项目监理机构移交，由项目监理机构汇总后向建设单位移交。

问题：

1. 事件一中，验槽的组织方式是否妥当？基坑验槽还包括哪些内容？

2. 事件二中，施工单位的做法是否妥当？列出钢筋质量验证时材质复验的主要内容。

3. 事件三中，根据《建设工程档案管理条例》和《建设工程文件归档整理规范》，指出施工总承包单位还应补充哪些竣工验收资料？

4. 事件三中，建设单位提出的工程竣工资料移交的要求是否妥当？并给出正确的做法。

《建筑工程管理与实务》
押题模拟试卷（二）

（考试时间 180 分钟　满分 120 分）

一、单项选择题（共 20 题，每题 1 分。每题的备选项中，只有 1 个最符合题意）

1. 结构设计的主要目的是要保证所建造的结构安全适用，能够在规定的期限内满足各种预期的功能要求，并且经济合理。具体说来，其基本原则是建筑结构工程必须满足（　　）等要求。

A. 安全性、适用性、可靠度　　B. 安全性、可靠性、耐久性

C. 安全性、适用性、耐久性　　D. 适用性、耐久性、可靠度

2. 民用建筑按使用功能可分为（　　）两大类。

A. 居住建筑、公共建筑

B. 居住建筑、非居住建筑

C. 民用建筑、工业建筑

D. 住宅建筑、宿舍建筑

3. 下列荷载中，属于可变荷载的有（　　）。

A. 雪荷载　　B. 固定隔墙的自重

C. 爆炸　　D. 土压力

4. 下列不能用作填方土料的是（　　）。

A. 碎石土　　B. 含水量符合要求的黏性土

C. 淤泥质土　　D. 砂土

5. 某跨度为 2m 的板，设计混凝土强度等级为 C20，其同条件养护的标准立方体试块的抗压强度标准值达到（　　）N/mm^2时即可拆除底模。

A. 5　　B. 10　　C. 15　　D. 20

6. 吊顶施工时，吊杆距主龙骨端部距离不得大于（　　）mm。

A. 100　　B. 200　　C. 300　　D. 400

7. 砖混结构预制混凝土板与现浇板对接时，应满足（　　）的要求。

A. 预制板端钢筋伸入现浇板中，后浇筑现浇板

B. 现浇板钢筋伸入预制板缝中，先浇筑现浇板

C. 预制板端钢筋伸入现浇板中，先浇筑现浇板

D. 现浇板钢筋伸入预制板缝中，后浇筑现浇板

8. 标高竖向传递时，高层建筑传递口宜留（　　）处。

A. 2　　B. 3　　C. 4　　D. 5

9. 吊顶工程施工时，当吊杆长度大于 1.5m 时，应设置（　　）。

A. 单向支撑　　B. 多向支撑

C. 双向支撑　　D. 反向支撑

10. 关于电梯井内安全防护措施的说法，正确的是（　　）。

A. 每隔两层（不大于 10m）设一道安全平网

B. 每隔两层（不大于 12m）设两道安全平网

C. 每隔三层（不大于 10m）设一道安全平网

D. 每隔三层（不大于 12m）设两道安全平网

11. 在网络计划的工期优化过程中，缩短持续时间的工作应是（　　）。

A. 直接费用率最小的关键工作

B. 直接费用率最大的关键工作

C. 直接费用率最小的非关键工作

D. 直接费用率最大的非关键工作

12. 无机防水涂料宜用于结构主体的（　　）。

A. 背水面　　　　B. 迎水面

C. 背水面或迎水面　　　　D. 背水面和迎水面

13. 下列关于洞口防护设施要求的说法，错误的是（　　）。

A. 屋面上短边尺寸在 2.5～25cm 范围的孔口，必须用坚实的盖板盖严

B. 边长为 50～150cm 的洞口，必须设置一层以扣件扣接钢管而成的网格栅

C. 边长在 200cm 以下的洞口，四周可以不设置防护栏杆

D. 垃圾井应随楼层的砌筑或安装而逐一消除洞口

14. 钢筋混凝土结构中，严禁使用的是（　　）。

A. 含氟化物的水泥　　　　B. 含氟化物的外加剂

C. 含氯化物的水泥　　　　D. 含氯化物的外加剂

15. 注册执业人员未执行民用建筑节能强制性标准并且情节严重的，由颁发资格证书的部门吊销执业资格证书，（　　）不予注册。

A. 1 年内　　　　B. 3 年内

C. 5 年内　　　　D. 永久

16. 单位工程验收时，应由（　　）单位组织。

A. 监理　　　　B. 监督

C. 建设　　　　D. 总承包

17. 质量验收的最小单位是（　　）。

A. 检验批　　　　B. 分项工程

C. 主控项目　　　　D. 一般项目

18. 实行建筑高度控制区内的建筑，其建筑高度应以绝对海拔高度控制（　　）的高度。

A. 建筑物室外地面至其屋面面层

B. 建筑物室外地面至其女儿墙

C. 建筑物室外地面至建筑物和构筑物最高点

D. 建筑物室外地面至屋檐和屋脊的平均高度

19. 地基验槽时，应重点观察（　　）。

A. 基坑中心点

B. 基坑边角处

C. 受力较大的部位

D. 最后开挖的部位

20. 填充墙砌筑时应错缝搭砌，轻骨料混凝土小型空心砌块搭砌长度不应小于（　　）。

A. 90mm　　　　B. 100mm

C. 砌块长度的 1/2　　D. 砌块长度的 1/3

二、多项选择题（共 10 题，每题 2 分。每题的备选项中，有 2 个或 2 个以上符合题意，至少有 1 个错项。错选，本题不得分；少选，所选的每个选项得 0.5 分）

21. 在楼梯的设计中，正确的说法有（　　）。

A. 梯段的平台扶手处的最小宽度不应小于梯段净宽

B. 楼梯平台过道处的净高不应小于 1.8m

C. 楼梯每个梯段的踏步一般不应大于 20 级，宜不应小于 3 级

D. 楼梯应至少于一侧设扶手，梯段净宽达三股人流时应加设中间扶手

E. 儿童使用的楼梯，垂直杆件间的净距不应大于 0.11m

22. 关于框架结构不同部位震害程度的说法，正确的有（　　）。

A. 柱的震害轻于梁

B. 柱顶的震害轻于柱底

C. 角柱的震害重于内柱

D. 短柱的震害重于一般柱

E. 填充墙处是震害发生的严重部位之一

23. 结构杆件的基本受力形式有（　　）。

A. 拉伸　　B. 压缩

C. 弯曲　　D. 扭转

E. 撞击

24. 关于施工进度计划分类的说法，正确的有（　　）。

A. 施工总进度计划

B. 单位工程进度计划

C. 分阶段（或专项）工程进度计划

D. 分部分项工程进度计划

E. 施工管理计划

25. 钎探是用锤将钢钎打入坑底以下的土层内一定深度，根据（　　）来判断土的软硬情况及有无古井、古墓、洞穴、地下掩埋物。

A. 钎孔大小　　B. 钎锤重量

C. 锤击次数　　D. 入土深度

E. 入土难易程度

26. 大体积混凝土的浇筑方案主要有（　　）等方式。

A. 全面分层　　B. 均匀分层

C. 斜面分层　　D. 分段分层

E. 交错分层

27. 关于用价值工程控制成本提高价值途径的说法，正确的有（　　）。

A. 功能提高，成本不变

B. 功能不变，成本降低

C. 功能降低，成本降低

D. 功能提高，成本提高

E. 功能降低，成本不变

28. 在工程网络计划的执行过程中，当某项工作进度出现偏差后，需要调整原进度计划的情况有（　　）。

A. 项目总工期不允许拖延，但工作进度偏差已超过其总时差

B. 项目总工期允许拖延，但工作进度偏差已超过其自由时差

C. 后续工作不允许拖延，但工作进度偏差已超过其总时差

D. 后续工作允许拖延，但工作进度偏差已超过其自由时差

E. 项目总工期允许拖延的时间有限，但实际拖延的时间已超过此限制

29. 相关专业工种之间，应进行交接检验，并形成记录，对于监理单位（或建设单位）提出检查要求的重要工序，未经（　　）检查认可，不得进入下道工序施工。

A. 项目技术负责人

B. 建设单位技术负责人

C. 监理单位技术负责人

D. 总监理工程师

E. 监理工程师

30. 由现场电焊引发的职业病有（　　）。

A. 电焊尘肺

B. 电光性眼疾

C. 苯中毒

D. 白血病

E. 一氧化碳中毒

三、实务操作和案例分析题（共4题，每题20分）

（一）

背景资料：

某学生活动中心工程，建设面积18 000m^2，现浇混凝土框架结构，条形基础，地上4层，首层阶梯报告厅局部层高21m，模板直接支撑在地基土上。施工单位为某施工总承包企业。

工程实施过程中发生了下列事件：

事件一：施工单位将施工作业划分为A、B、C、D四个施工过程，分别由指定的专业班组进行施工，每天一班工作制，组织无节奏流水施工，流水施工参数见下表（单位：d）：

流水施工参数表

施工段 \ 施工过程	A	B	C	D
Ⅰ	12	18	25	12
Ⅱ	12	20	25	13
Ⅲ	19	18	20	15
Ⅳ	13	22	22	14

事件二：在首层阶梯报告厅顶板模板工程验收中，项目经理发现在最顶部两水平拉杆中间加设了一道水平拉杆；水平拉杆的端部与四周建筑物间隔100mm。安全总监下达了整改通知。

事件三：在施工过程中，该工程所在地连续下了6d特大暴雨（超过了当地近10年来该季节的最大降雨量），洪水泛滥，给建设单位和施工单位造成了较大的经济损失。施工单位认为这些损失是由于特大暴雨（不可抗力事件）造成的，提出下列索赔要求（以下索赔数据与实际情况相符）：

(1) 工程清理、恢复费用 18 万元；

(2) 施工机械设备重新购置和修理费用 29 万元；

(3) 工期顺延 6d。

问题：

1. 事件一中，列式计算 A、B、C、D 四个施工过程之间的流水步距分别是多少天？流水施工的计划工期是多少天？

2. 指出事件二中的不妥之处，分别写出正确做法。水平拉杆无处可顶时的措施有哪些？

3. 模板设计无要求时，模板拆除的顺序和方法是什么？

4. 事件三中，分别指出施工单位的索赔要求是否成立？说明理由。

(二)

背景资料：

某市大学城园区新建音乐学院教学楼，其中中庭主演播大厅层高 5.4m，双向跨度 19.8m，设计采用现浇混凝土井字梁。

施工过程中发生如下事件：

事件一：模板工程施工前，为了节省工期，项目部编制了专项施工方案即进行施工。该专项方案内容包括模板与支架的材料要求；安装、拆除相关的技术措施以及文明施工、环境保护的技术要求。监理工程师认为项目部编制施工方案后即进行施工这一做法不妥，要求项目部作出改正。

事件二：按监理工程师提出的要求，施工单位组织成立由企业总工程师、监理、设计单位技术负责人以及外单位相关专业专家共计七人组成的专家组，对模架方案进行论证。专家组提出口头论证意见后离开，论证会结束。

事件三：在演播大厅屋盖混凝土施工过程中，因西侧模板支撑系统失稳，发生局部坍塌，使东侧刚浇筑的混凝土顺斜面向西侧流淌，致使整个楼层模架全部失稳而相继倒塌。整个事故未造成人员死亡，但重伤9人，轻伤14人，估计直接经济损失达1 300万元。事故发生后，施工单位立刻向相关部门报告事故发生情况。

问题：

1. 事件一中，监理工程师的要求是否合理？并说明理由？

2. 事件一中模板工程的专项施工方案是否齐全？还应该补充哪些内容？

3. 指出事件二中不妥之处，并分别说明理由。

4. 事件三中，按造成损失严重程度划分应为什么类型事故？并给出此类事故的判定标准。

（三）

背景资料：

某开发公司投资兴建住宅楼工程，建筑面积12 000m²，框架结构。经公开招投标，甲施工单位中标。双方根据《建设工程施工合同（示范文本）》签订了施工承包合同，合同工期10个月。在专用条款中双方约定，钢筋、混凝土工程量变动在10%以内时按照工程量清单单价结算，超出或减少幅度大于5%时，按照工程量清单单价的1.10倍结算。

在合同履行过程中，发生了如下事件：

事件一：甲施工单位将内部测算的部分费用发至项目经理部，其中人工费320万元，材料费1 200万元，机械使用费170万元，施工措施费110万元，企业管理费82万元，规费94万元和税金69万元。

事件二：由于开发公司原因，导致工作C停工8d，专业分包单位当即就停工造成的损失向甲施工单位递交索赔报告，索赔误工损失8万元和工期损失8d。甲施工单位认为该停工的责任是开发公司承担的，专业分包单位应该直接向开发公司提出索赔，拒收专业分包的索赔报告。

事件三：开发公司指定分包的施工现场管理混乱，产生大量安全隐患，开发公司责令甲施工单位加强管理并提出了整改意见。甲施工单位认为指定分包工程施工安全管理属于专业分包单位责任，非总包单位的责任范围。

事件四：工作C施工完毕并通过验收，专业分包单位向建设单位上报工作C施工档案，开发公司通知甲施工单位接收。甲施工单位认为工作C属于开发公司指定专业分包项目，其工程档案应直接上报建设单位。

问题：

1. 计算事件一中项目的直接成本是多少万元？

2. 事件二中，甲施工单位的做法是否正确？说明理由。专业分包可以获得索赔金额和天数各是多少？

3. 事件三中，甲施工单位的做法是否正确？说明理由。

4. 事件四中，甲施工单位的做法是否正确？说明理由。

（四）

背景资料：

某图书馆工程，建筑面积 45 000m^2，地下 2 层，地上 26 层，框架—剪力墙结构。

施工过程中，发生了如下事件：

事件一：在项目部依据《建设工程项目管理规范》编制的项目管理实施规划中，对材料管理等各种资源管理进行了策划，在资源管理中建立了相应的资源控制程序。

事件二：项目部在编制的项目环境管理规划中，提出了创造文明有序和安全生产条件和氛围等文明施工的工作内容。

事件三：监理工程师在消防工作检查时，发现一只手提式灭火器直接挂在工人宿舍外墙的挂钩上，其顶部离地面的高度为 1.6m。

事件四：现场出入口设置了大门和保安值班室，现场车辆和人员从同一出入口进出，监理单位要求整改，并设置车辆冲洗设施。

问题：

1. 事件一中，除材料管理外，项目资源管理工作还包括哪些内容？在进行资源管理时，项目管理机构应该编制什么计划？（至少写出三条）

2. 事件二中，现场文明施工还应包括哪些工作内容？

3. 事件三中，有哪些不妥之处？并说明正确做法。

4. 事件四中，监理单位的做法是否正确？并说明原因。

《建筑工程管理与实务》
押题模拟试卷（三）

（考试时间 180 分钟　满分 120 分）

一、单项选择题（共 20 题，每题 1 分。每题的备选项中，只有 1 个最符合题意）

1. 不属于影响建筑构造技术因素的是（　　）。

A. 建筑材料　　B. 建筑结构

C. 施工方法　　D. 造价标准

2. 施工方法的确定原则是兼顾（　　）。

A. 适用性、可行性和经济性

B. 先进性、可行性和经济性

C. 先进性、可行性和科学性

D. 适用性、可行性和科学性

3. 某钢筋混凝土现浇板跨度为 7.8m，其模板是否起拱设计无具体要求，其起拱高度可能为（　　）cm。

A. 0.3　　B. 0.5

C. 1.5　　D. 2.5

4. 改善混凝土耐久性的外加剂是（　　）。

A. 缓凝剂　　B. 早强剂

C. 引气剂　　D. 速凝剂

5. 厕浴间、厨房的墙体，设置的现浇混凝土泛水宜高出楼地面至少（　　）mm。

A. 100　　B. 150

C. 200　　D. 250

6. 灌注桩成孔的控制深度与桩型有关，下面说法错误的是（　　）。

A. 摩擦桩应以设计桩长控制成孔深度

B. 摩擦桩采用锤击沉管法成孔时，桩管入土深度控制应以贯入度为主，以高程控制为辅

C. 端承型桩采用锤击沉管法成孔时，桩管入土深度控制应以贯入度为主，以高程控制为辅

D. 端承摩擦桩必须保证设计桩长及桩端进入持力层深度

7. 下列不属于混凝土耐久性指标的是（　　）。

A. 抗渗性　　B. 抗冻性

C. 和易性　　D. 碳化性

8. 关于钢结构工程螺栓施工的做法，正确的是（　　）。

A. 现场对螺栓孔采用气割扩孔

B. 螺栓的紧固顺序从节点边缘向中间施拧

C. 当天安装的螺栓均在当天终拧完毕

D. 螺栓安装均一次拧紧到位

9. 关于模板拆除顺序的说法，正确的是（　　）。

A. 先支先拆，后支后拆

B. 先拆非承重部分，后拆承重部分

C. 先下后上

D. 先内后外

10. 基坑工程周围环境的监测不包括（　　）。

A. 对立柱的沉降、抬起的监测

B. 坑外地形的变形监测

C. 邻近建筑物的沉降和倾斜监测

D. 地下管线的沉降和位移的监测

11. 板材隔墙与骨架隔墙每个检验批应至少抽查（　　），并不得少于3间。

A. 6%　　B. 8%

C. 10%　　D. 12%

12. 批准现浇混凝土结构拆模申请手续的是（　　）。

A. 项目负责人　　B. 专业责任师

C. 项目技术负责人　　D. 监理工程师

13. 组织单位工程施工组织设计交底的是（　　）。

A. 施工单位技术负责人　　B. 施工单位项目负责人

C. 建设单位主管部门　　D. 施工单位主管部门

14. 某工程项目招投标过程中，由甲、乙、丙3个建筑企业组成一个联合体共同投标，其中甲建筑企业具有房建一级资质，乙企业拥有房建二级资质，丙企业拥有房建三级资质，则该联合体的房建专业资质应认定为（　　）。

A. 一级　　B. 二级

C. 三级　　D. 无效

15. 混凝土立方体抗压强度是指标准试件在标准条件（　　）下，养护到28d龄期，测得的抗压强度值。

A. 温度20±2℃，相对湿度95%以上

B. 温度20±2℃，相对湿度95%以下

C. 温度20±3℃，相对湿度95%以上

D. 温度20±3℃，相对湿度95%以下

16. 建设工程实行总包和分包的，由（　　）负责施工现场的统一管理，监督检查分包单位的施工现场活动。

A. 总包单位　　B. 分包单位

C. 建设单位　　D. 总包单位与分包单位共同

17. 建筑装修材料按其燃烧性能划分为（　　）级。

A. 二　　B. 四

C. 五　　D. 六

18. 关于保证模板安装施工安全基本要求的说法，正确的是（　　）。

A. 雨期施工，高耸结构的模板作业，要安装避雷装置

B. 操作架子上、平台上严禁堆放模板

C. 四级以上大风天气，不宜进行大块模板拼装和吊装作业

D. 模板工程作业高度在1.8m以上时，要有安全可靠的操作架子或操作平台

19. 当无圈梁和梁垫时，板、次梁与主梁交叉处，其钢筋的绑扎位置正确的是（　　）。

A. 主梁筋在上，次梁筋居中，板筋在下

B. 主梁筋居中，次梁筋在下，板筋在上

C. 主梁筋在下，次梁筋在上，板筋居中

D. 主梁筋在下，次梁筋居中，板筋在上

20. 现场产生的固体废弃物应在所在地县级以上地方人民政府（　　）部门申报登记，并分类存放。

A. 环境　　B. 市政

C. 卫生　　D. 环卫

二、多项选择题（共 10 题，每题 2 分。每题的备选项中，有 2 个或 2 个以上符合题意，至少有 1 个错项。错选，本题不得分；少选，所选的每个选项得 0.5 分）

21. 建筑物由（　　）组成。

A. 结构体系　　B. 围护体系

C. 装饰体系　　D. 安全体系

E. 设备体系

22. 关于屋面防水卷材铺贴时采用搭接法连接的说法，正确的有（　　）。

A. 上下层卷材的搭接缝应对正

B. 上下层卷材的铺贴应垂直

C. 相邻两幅卷材的搭接缝应错开

D. 平行于屋脊的搭接缝应顺水流方向搭接

E. 垂直于屋脊的搭接缝应顺年最大频率风向搭接

23. 下列属于安全标志类型的有（　　）。

A. 禁止　　B. 警告

C. 警示　　D. 指令

E. 提示

24. 关于无节奏流水施工的说法，正确的有（　　）。

A. 各施工段间可能有间歇时间

B. 相邻施工过程间的流水步距可能不等

C. 各施工过程在各施工段上可能不连续作业

D. 专业工作队数目与施工过程数目可能不等

E. 各施工过程在各施工段上的流水节拍可能不等

25. 关于装饰材料进场检验，下列项目中，必须取样复验的有（　　）。

A. 水泥的细度和凝结时间

B. 人造木板的游离甲醛释放量

C. 室内用花岗石的放射性

D. 外墙陶瓷面砖的吸水率

E. 幕墙石材的强度

26. 单位工程施工组织设计编制的依据有（　　）。

A. 工程设计文件

B. 工程施工合同

C. 非工程所在地行政主管部门的批准文件

D. 工程地质及水文地质、气象等自然条件

E. 施工企业的生产能力、机具设备状况、技术水平等

27. 有资格在当地建筑市场诚信信息平台上统一发布诚信行为记录的是（　　）建设行政主管部门。

A. 各省　　B. 自治区

C. 直辖市　　D. 地区行署

E. 县政府

28. 对于混凝土出现收缩裂缝的可能原因，下列说法正确的有（　　）。

A. 骨料含泥量大

B. 混凝土中掺有粉煤灰

C. 混凝土水胶比偏大

D. 和易性差

E. 混凝土所处环境湿度偏大

29. 可以设置脚手眼的墙体或部位有（　　）。

A. 180mm 厚的墙体

B. 宽度为 900mm 的窗间墙

C. 砖砌体门窗洞口两侧 400mm 处

D. 轻质墙体

E. 过梁净跨度 1/3 高度处

30. 以下（　　）情形中，具备条件之一的，可以认定为工程转包。

A. 施工承包人未在施工现场设立项目管理机构、派驻项目经理及必备项目管理人员

B. 施工现场的项目经理及主要管理人员与合同约定的项目经理及主要工程管理人员不符

C. 总承包人将整个工程分派给 2 个项目部组织施工

D. 总承包人将其承包的全部建设工程肢解以后以分包的名义分别转给其他承包人

E. 施工现场的项目经理及主要工程管理人员与承包人之间无劳动合同及社会保险关系

三、实务操作和案例分析题（共 4 题，每题 20 分）

（一）

背景资料：

某建筑工程，建筑面积 3.8 万 m^2，地下 1 层，地上 16 层。施工单位（以下简称“乙方”）与建设单位（以下简称“甲方”）签订了施工总承包合同，合同期 600d。合同约定工期每提前（或拖后）1d 奖励（或罚款）1 万元。乙方将屋面和设备安装两项工程的劳务进行了分包，分包合同约定，若造成乙方关键工作的工期延误，每延误 1d，分包方应赔偿损失 1 万元。主体结构混凝土施工使用的大模板采用租赁方式，租赁合同约定，大模板到货每延误 1d，供货方赔偿 1 万元。乙方提交了施工网络计划，并得到了监理单位和甲方的批准。网络计划示意图如下图所示。

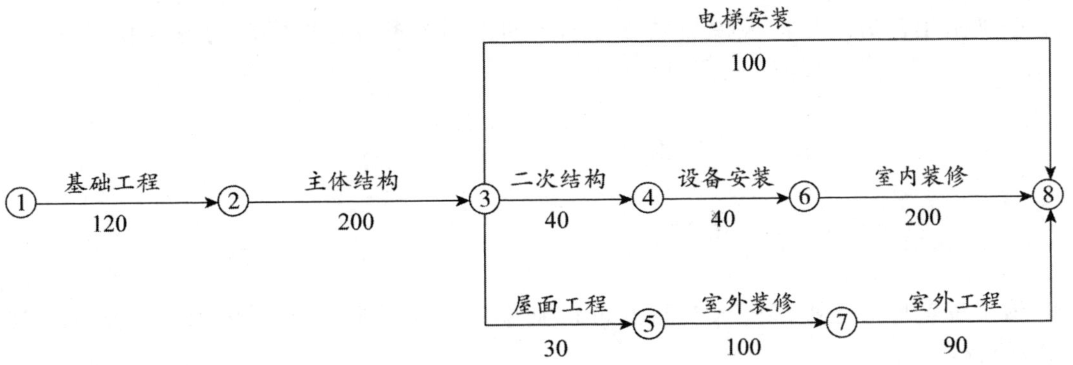

网络计划示意图（单位：d）

施工过程中发生了以下事件：

事件一：底板防水工程施工时，因特大暴雨突发洪水原因，造成基础工程施工工期延长 5d，因人员窝工和施工机械闲置造成乙方直接经济损失 10 万元。

事件二：主体结构施工时，大模板未能按期到货，造成乙方主体结构施工工期延长 10d，直接经济损失 20 万元。

事件三：屋面工程施工时，乙方的劳务分包方不服从指挥，造成乙方返工，屋面工程施工工期延长 3d，直接经济损失 0.8 万元。

事件四：中央空调设备安装过程中，甲方采购的制冷机组因质量问题退换货，造成乙方设备安装工期延长 9d，直接费用增加 3 万元。

事件五：因为甲方对外装修设计的色彩不满意，局部设计变更通过审批后，使乙方外装修晚开工 30d，直接费损失 0.5 万元；其余各项工作，实际完成工期和费用与原计划相符。

问题：

1. 指出该网络计划的关键线路。

2. 指出乙方向甲方索赔成立的事件，并分别说明索赔内容和理由。

3. 分别指出乙方可以向大模板供货方和屋面工程劳务分包方索赔的内容和理由。

4. 该工程实际总工期多少天？乙方可得到甲方的工期补偿为多少天？工期奖（罚）款是多少万元？

（二）

背景资料：

沿海地区某住宅工程，该工程由4栋地下1层、地上12层、结构形式完全相同的单体组成，其中地下室为整体连接地下室。该工程地下水系发达，地下水对钢筋混凝土结构有侵蚀作用。屋面设计为不上人屋面，炉渣保温后细石混凝土封面找坡，最上层敷设SBS卷材防水层一道。

施工过程中，发生了如下事件：

事件一：施工单位进场后，根据建设单位提供的原场区内方格控制网坐标进行该建筑物的定位测设。

事件二：施工单位上报施工组织设计中，所有混凝土均采用预拌商品混凝土，水泥采用普通硅酸盐水泥；零星砌筑及抹灰用砂浆现场拌制；监理工程师对所采用水泥品种提出异议，要求更换。

事件三：时年8月16日，监理在对进场袋装的水泥以500t为一检验批例行检查时，对水泥的强度、含泥量以及颗粒级配进行了检查，发现现场砌筑用水泥出厂日期为5月10日，监理工程师认为此批水泥已过期，责令将此批水泥清退出场。

事件四：同时监理工程师还发现顶层墙体混凝土结构外观质量存在严重缺陷，经核查该部位混凝土质量控制资料，判断对结构安全不造成影响，同意对现浇结构分项予以验收；检查屋顶做法时，发现防水基层不干燥，经请示总监理工程师并征得业主同意后，下令屋面防水施工停工整改。

问题：

1. 事件一中，建筑物细部点定位测设有哪几种方法？

2. 事件二中，该工程地下室结构混凝土采用普通硅酸盐水泥是否合适？说明理由。针对六大常用水泥，哪些适宜用在本工程地下结构混凝土，哪些不适宜？

3. 事件三中，指出监理工程师的不妥之处？说明理由。

4. 事件四中，针对混凝土结构外观质量存在缺陷，监理工程师的处理方式是否合理？说明理由。

（三）

背景资料：

某公司中标一栋24层住宅楼，甲乙双方根据《建设工程施工合同（示范文本）》签订施工承包合同。

项目实施过程中发生如下事件：

事件一：公司委派另一处于后期收尾阶段项目的项目经理兼任该项目的项目经理。由于项目经理比较忙，责成项目总工程师组织编制该项目的《施工组织设计》。

事件二：开工后不久，由于建设单位需求调整，造成工程设计重大修改，施工单位及时对原施工组织设计进行修改和补充，并重新报审后按此组织施工。

事件三：施工过程中，总监理工程师要求对已隐蔽的某部位重新剥离检查，施工单位认为已通过隐蔽验收，不同意再次检查。经建设单位协调后剥离检查，发现施工质量存在问题。施工单位予以修复，并向建设单位提出因此次剥离检查及修复所导致的工期索赔和费用索赔。

事件四：本工程合同价款为3 540万元，施工承包合同中约定可针对人工费、材料费价格变化对竣工结算价进行调整。可调整各部分费用占总价款的百分比、基准期、竣工当期价格指数见下表：

可调整各部分费用占总价款的百分比、基准期、竣工当期价格指数表

可调整项目	人工	材料一	材料二	材料三	材料四
费用比重（%）	20	12	8	21	14
基期价格指数	100	120	115	108	115
当期价格指数	105	127	105	120	129

问题：

1. 指出事件一中不妥之处，并分别说明理由。

2. 除事件二中设计重大修改外，还有哪些情况也会引起施工组织设计需要修改或补充（至少列出三项）？

3. 事件三中，施工单位不同意剥离检查是否合理？为什么？分别判断施工单位提出的工期索赔和费用索赔是否成立？并分别说明理由。

4. 列式计算人工费、材料费调整后的竣工结算价款是多少万元？（计算结果保留两位小数）

（四）

背景资料：

某工程整体地下室 2 层、主楼地上 24 层、裙房地上 4 层，钢筋混凝土全现浇框架—剪力墙结构，填充墙为小型空心砌块砌筑。

基础为整体筏板，地下室外墙为整体剪力墙混凝土刚性防水，外侧设计二道 SBS 卷材防水层。

施工过程中，发生如下事件：

事件一：进场后即进行场地高程测量，已知后视点高程是 50.128m，测量时后视读数为 1.116m，前视点读数为 1.235m。接着根据设计图纸进行场地平整，结束后，施工单位立即进行了工程定位和测量放线，然后即进行土方开挖工作，整修基坑采取大放坡开挖。

事件二：施工组织仅需 6 台临时用电设备，施工单位依据《施工组织设计》编制了《安全用电和电气防火措施》，决定不单独设置总配电箱，直接从大学城项目总配电箱引出分配电箱。施工现场临时用电设备直接从分配电箱连接供电，项目经理安排了一名有经验的机械工进行用电管理。

问题：

1. 列式计算事件一中前视点高程。

2. 事件一中，土方开挖过程中应检查的内容有哪些（至少列出三项）？有支护土方工程可采用的挖土方法有哪些？

3. 简要说明现场使用警示牌的基本要求。

4. 指出事件二中的不妥之处。

《建筑工程管理与实务》押题模拟试卷（四）

（考试时间180分钟　满分120分）

一、单项选择题（共20题，每题1分。每题的备选项中，只有1个最符合题意）

1. 在围护结构传热系数和窗墙面积比不变条件下，耗热量比值（　　）。
   A. 与体形系数成倒数　　B. 与体形系数无关
   C. 与体形系数成正比　　D. 与体形系数成反比

2. 灌注桩桩顶标高至少要比设计标高高出（　　）m。
   A. 0.6～0.8　　B. 0.8～1.0
   C. 1.0～1.2　　D. 1.2～1.4

3. 建筑物高程控制，应采用水准测量。主要建筑物附近的高程控制点，不应少于（　　）个。
   A. 1　　B. 2
   C. 3　　D. 4

4. 主持编制单位工程施工组织设计的是（　　）。
   A. 项目技术负责人　　B. 企业技术负责人
   C. 项目负责人　　D. 企业主管部门

5. 某梁跨度为7.5m，规范要求混凝土强度达到设计抗压强度的（　　）以上时，可对其底模及支架进行拆除。
   A. 50%　　B. 75%
   C. 90%　　D. 100%

6. 钢筋进场时，不需要检查（　　）。
   A. 屈服强度　　B. 抗拉强度
   C. 伸长率　　D. 冷拉率

7. 混凝土拌合物入模温度不应低于（　　）℃，且不高于（　　）℃。
   A. 5；35　　B. 5；30
   C. 10；35　　D. 10；30

8. 关于特殊季节施工，下列说法错误的是（　　）。
   A. 雨季砌筑烧结类块体的相对含水率为60%～70%
   B. 雨天砌体每天砌筑高度不得超过1.2m
   C. 大雨、暴雨天气不宜进行混凝土露天浇筑
   D. 冬期施工混凝土搅拌前，水泥强度等级42.5以下时，骨料预热极限最高温度为60℃

9. 关于扣件式钢管作高大模板支架立杆时的说法，错误的是（　　）。
   A. 立杆上每步设置双向水平杆且与立杆扣接
   B. 相邻两立柱接头不得在同步内
   C. 立柱接长最多只允许有一个搭接接头
   D. 严禁将上段的钢管与下段钢管立柱错开固定在水平拉杆上

10. 我国消防安全的基本方针是（　　）。
    A. 预防为主、防消结合

B. 消防为主、防消结合

C. 安全第一、预防为主

D. 安全第一、防消结合

11. 关于 24m 以上的双排脚手架设置剪刀撑的说法，正确的是（　　）。

A. 外侧立面整个长度间隔设置

B. 内侧立面高度上连续设置

C. 各底层斜杆下端均必须支承在垫块或垫板上

D. 随立杆、纵向和横向水平杆等异步搭设

12. 二级动火申请表应由（　　）填写。

A. 生产负责人

B. 项目责任工程师

C. 项目负责人

D. 技术负责人

13. 在抗震设防烈度为 8 度及 8 度以上地区，对于不能同时砌筑的普通砖砌体，在必须留置的临时间断处应（　　）。

A. 砌成水平投影长度不大于高度 1/3 的斜槎

B. 砌成水平投影长度不小于高度 2/3 的斜槎

C. 加设可靠的临时固定措施

D. 转角处可留直槎，但直槎必须做成凸槎

14. 同一品种、类型和规格的特种门每（　　）樘应划分为一个检验批，不足樘数也应划分为一个检验批。

A. 20　　B. 30

C. 40　　D. 50

15. 一般路段施工现场围挡高度不得低于（　　）m。

A. 1.8　　B. 2.0

C. 2.2　　D. 2.5

16. 民用建筑工程根据控制室内环境污染的不同要求，划分为（　　）类。

A. 2　　B. 3

C. 4　　D. 5

17. 建筑节能分部工程的质量验收，应在（　　）进行验收。

A. 工程竣工后　　B. 检验批合格后

C. 工程竣工验收前　　D. 所有分部验收后

18. 梁下部纵向受力钢筋接头位置宜设置在（　　）。

A. 梁跨中 1/3 跨度范围内　　B. 梁支座处

C. 距梁支座 1/3 跨度范围内　　D. 可随意设置

19. 工程竣工后，委托具有资格的消防设施检测单位进行技术测试的单位是（　　）。

A. 监理单位　　B. 建设单位

C. 总承包单位　　D. 施工安装单位

20. 对具备相应情形的特殊建设工程，（　　）必须向消防机构申请消防设计审核。

A. 建设单位　　B. 施工单位

C. 监理单位　　D. 设计单位

二、多项选择题（共 10 题，每题 2 分。每题的备选项中，有 2 个或 2 个以上符合题意，至少有 1 个错项。错选，本题不得分；少选，所选的每个选项得 0.5 分）

21. 适用性评定中，对影响结构正常使用的适用性问题包括（　　）。

A. 变形　　B. 裂缝

C. 位移　　D. 耐久

E. 振动

22. 关于砌体工程中脚手眼的设置位置，下列各项中，不得设置脚手眼的有（　　）。

A. 120mm 厚墙、清水墙、料石墙、独立柱和附墙柱

B. 门窗洞口两侧石砌体 300mm 范围内

C. 宽度为 1.2m 的窗间墙

D. 过梁上与过梁成 60°角的三角形范围及过梁净跨度 1/2 的高度范围内

E. 梁或梁垫下及其左右 500mm 范围内

23. 关于大体积混凝土裂缝控制的做法，正确的有（　　）。

A. 控制混凝土入模温度

B. 增大水胶比，加大水泥用量

C. 混凝土浇筑完毕，无须覆盖

D. 掺入适量微膨胀剂

E. 采用二次抹面工艺

24. 关于双代号时标网络计划与横道计划相比较的说法，正确的有（　　）。

A. 横道计划与时标网络计划一样，能够直观地表达各项工作的机动时间

B. 时标网络计划和横道计划均能明确地反映工程费用与工期之间的关系

C. 横道计划不能像时标网络计划一样，明确地表达各项工作之间的逻辑关系

D. 横道计划不能像时标网络计划一样，直观地表达工程进度的重点控制对象

E. 时标网络计划和横道计划均能直观地反映各项工作的进度安排及工程总工期

25. 施工现场平面布置图应包括的基本内容有（　　）。

A. 工程施工场地状况

B. 拟建建（构）筑物的位置、轮廓尺寸、层数等

C. 施工现场的加工设施、存贮设施、办公和生活用房等的位置和面积

D. 施工现场外的安全、消防、保卫和环境保护等设施

E. 相邻的地上、地下既有建（构）筑物及相关环境

26. 基坑支护破坏的主要形式有（　　）引起的破坏。

A. 人工降水处理不好

B. 止水帷幕处理不好，导致管涌

C. 原状土因素导致坍塌

D. 支护埋置深度不足，导致基坑隆起

E. 支护的强度、刚度和稳定性不足

27. 强夯地基施工前必须试夯，试夯的（　　）必须达到设计要求。

A. 夯锤重量　　B. 夯实遍数

C. 密实度　　D. 总下沉量

E. 夯实深度

28. 关于建筑幕墙预埋件安装的做法，正确的有（　　）。

A. 连接部位设置在强度等级为 C20 的主体结构混凝土上

B. 预埋件与钢筋或模板连接固定后浇筑混凝土

C. 直接用轻质填充墙做幕墙支承结构

D. 预埋件采用一定厚度的热镀锌防腐处理

E. 使用冷加工钢筋作为锚筋

29. 计算施工现场临时用水量时应考虑（　　）。

A. 生产用水　　B. 基坑降水

C. 生活用水　　D. 消防用水

E. 机械用水

30. 检验批可按照（　　）进行划分。

A. 楼层　　B. 施工段

C. 变形缝　　D. 专业

E. 施工计划

三、实务操作和案例分析题（共 4 题，每题 20 分）

（一）

背景资料：

某办公楼工程，地下 1 层，地上 10 层，现浇钢筋混凝土框架结构，预应力管桩基础。建设单位与施工总承包单位签订了施工总承包合同。按合同约定，施工总承包单位将预应力管桩工程分包给了符合资质要求的专业分包单位。施工总承包单位进场后按合同要求提交了施工总进度计划，如图所示（时间单位：月），并经过监理工程师审查和确认。

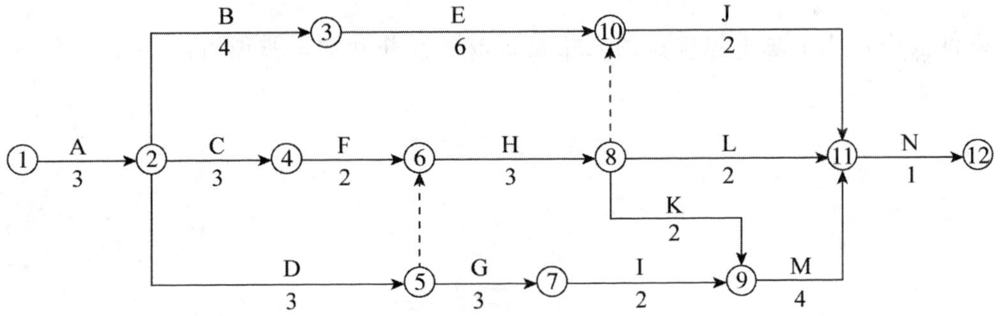

施工总进度计划

合同履行过程中，发生了下列事件：

事件一：专业分包单位将管桩专项施工方案报送监理工程师审批，遭到了监理工程师拒绝。在桩基施工过程中，由于专业分包单位没有按设计图纸要求对管桩进行封底施工，监理工程师向施工总承包单位下达了停工令，施工总承包单位认为监理工程师应直接向专业分包单位下达停工令，拒绝签收停工令。

事件二：土方开挖至设计标高时，项目总工程师组织监理进行基坑验槽。经钎探检查，发现基坑内裙房部位存在局部软弱下卧层，项目总工程师召集所有技术人员开现场会议，决定采取灌浆补强。并会同监理人员重新验槽且形成记录。

事件三：当施工进行到第5个月时，因建设单位设计变更导致工作B延期2个月，造成施工总承包单位施工机械停工损失费13 000元。施工总承包单位提出工期和费用索赔。

问题：

1. 施工总承包单位提交的施工总进度计划的工期是多少个月？指出该工程总进度计划的关键线路（用工作表示）。

2. 事件一中，监理工程师及施工总承包单位的做法是否妥当？分别说明理由。

3. 指出基坑验槽做法的不妥之处？分别说明理由。并说明基坑验槽的重点观察部位有哪些？

4. 事件三中，施工总承包单位的索赔是否成立？并分别说明理由。

（二）

背景资料：

某办公楼工程，建筑面积24 000m^2，地下2层，地上15层，基础为筏板式基础，上部结构为现浇混凝土框架结构。基础埋深8.4m，地下水位－2.600m，现场地坪标高为－0.800m。

施工过程中发生了以下事件：

事件一：基坑直接开挖到设计标高后，发现有部分软弱下卧层，于是施工单位针对此问题制定了处理方案并进行了处理。

事件二：软弱下卧层处理完后，施工单位、监理单位共同对基坑进行了验槽。

事件三：基础工程正常施工，基础施工完毕后进行回填，填土施工前，施工单位按要求对基底进行了处理。回填土施工结束后施工单位亦按规定进行了检查，其结果满足设计或规范文件。

问题：

1. 本工程基坑部分哪些分项工程属于超过一定规模的危险性较大的分部分项工程？说明理由。

2. 事件一中有哪些不妥之处？分别说明理由。

3. 事件二中，工程验槽的做法是否妥当，并说明理由。

4. 事件三中，施工单位应如何控制土方回填的质量？

（三）

背景资料：

某厂综合楼，地处闹市区，场地狭小，为现浇钢筋混凝土框架结构，基础为钢筋混凝土灌注桩基，地上16层，建筑高度55m。

事件一：项目经理部为了搞好现场管理，加快施工进度，制定了一系列管理制度，并从现场实际条件出发，作了以下几项具体安排：

（1）场地四周设置1.5m高的现场围挡，进行封闭管理。

（2）因临时建筑不足，安排部分工人住在已建成的该工程地下室内。

（3）为保证消防用水，安装了一根管径50mm的消防竖管，平时兼做楼层施工供水。

事件二：由于工期紧，混凝土需用量大，项目部在施工过程中实行三班倒浇筑混凝土。因施工扰民，引起附近居民强烈不满，纷纷到有关部门投诉、并封堵工地。

事件三：屋面和外墙保温工程施工时，气温较低，施工单位上报的施工专项方案中安排只在每日气温高于5℃的时间段进行施工，保温层完毕后进行水泥砂浆找平层施工，并按纵横向8m的间距设置分格缝。

事件四：节能分部工程完工后，监理工程师组织质检员和监理员进行节能验收。

问题：

1. 事件一中，工作安排是否妥当？并指出正确的做法。

2. 事件二中，施工现场因特殊情况，确需夜间施工的应如何处理？

3. 事件三中，施工方案是否正确？并指出正确的做法。

4. 事件四中，节能验收是否妥当？为什么？

（四）

背景资料：

某办公楼工程，地下2层，地上15层，建筑面积3.0万m^2，施工单位进场后按照批准的总平面布置图进行了现场规划，其中库房分成普通库房和特殊库房，分建在不同的位置，主要出入口及楼层各主要部分等均悬挂了明显的警示牌，在施工过程中发生了以下事件：

事件一：上级单位在安全文明工地检查时发现，警示牌悬挂比较随意，有的比较隐蔽，有的甚至没有针对性，随后对项目提出了整改意见。

事件二：检查发现在特殊库房的醒目部位悬挂了提示标志，在钢筋切割机房悬挂了禁止标志，在配电室房悬挂了指令标志。

事件三：主体结构施工至六层时，工程所在地发生了持续2h的暴雨，并伴有短时6～7级大风。风雨结束后，施工项目负责人组织有关人员对现场脚手架再次进行检查验收，排除隐患后恢复了施工生产。

事件四：普通混凝土小型空心砌块墙体施工时，施工人员先将小砌块充分浇水湿润，再将砌块底面朝下正砌于墙上；外墙转角处的临时间断处留直槎，并砌成阴阳槎，并设拉结筋。监理工程师认为施工方法错误，立即下发整改通知。

问题：

1. 事件一中，现场警示牌的设置原则是什么？

2. 指出事件二中警示牌悬挂的不妥之处，并分别写出正确的悬挂方法。

3. 事件三中风雨结束后，是否应再次对脚手架进行检查验收？说明理由。还有哪些情况需对脚手架及其地基基础进行检查验收？

4. 指出事件四中的不妥之处，并给出正确做法。

《建筑工程管理与实务》
押题模拟试卷（五）

（考试时间 180 分钟　满分 120 分）

一、单项选择题（共 20 题，每题 1 分。每题的备选项中，只有 1 个最符合题意）

1. 雨期施工中，砌筑工程每天砌筑高度最大限值是（　　）m。
   A. 0.8　　B. 1.2
   C. 1.5　　D. 1.6

2. 下列流水施工参数中，不属于时间参数的是（　　）。
   A. 流水节拍　　B. 流水步距
   C. 工期　　D. 流水强度

3. 当受拉钢筋直径大于 25mm、受压钢筋直径大于 28mm 时，不宜采用（　　）接头。
   A. 钢筋套筒挤压连接　　B. 钢筋锥螺纹套筒连接
   C. 钢筋直螺纹套筒连接　　D. 绑扎搭接

4. 审核单位工程施工组织设计的是（　　）。
   A. 项目技术负责人
   B. 企业技术负责人
   C. 项目负责人
   D. 施工单位主管部门

5. 基坑（槽）验槽，应按设计、规范和施工方案等要求进行检查，并做好基坑验槽记录和（　　）。
   A. 分项工程记录　　B. 隐蔽工程记录
   C. 分部工程记录　　D. 工序检查记录

6. 在门窗安装工程中，当门窗与墙体固定时，应先固定上框，后固定边框。下列固定方法错误的是（　　）。
   A. 混凝土墙洞口采用射钉或膨胀螺钉固定
   B. 砖墙洞口采用射钉固定，且必须固定在砖缝处
   C. 轻质砌块或加气混凝土洞口可在预埋混凝土块上用射钉或膨胀螺钉固定
   D. 设有预埋铁件的洞口应采取焊接的方法固定，也可先在预埋件上按拧紧固件规格打基孔，然后用紧固件固定

7. 劳动力配置计划确定依据是（　　）。
   A. 资金计划　　B. 施工进度计划
   C. 施工工法　　D. 施工工序

8. 浅基坑土方开挖中，基坑边缘堆置土方和建筑材料，或沿挖方边缘转移运输工具和机械，一般应距基坑上部边缘不少于（　　）m。
   A. 1.2　　B. 1.5　　C. 1.8　　D. 2.0

9. 下列轻骨料混凝土小型空心砌块特点中，不正确的是（　　）。
   A. 密度较小　　B. 热工性能较差
   C. 干缩值较大　　D. 容易产生裂缝

10. 泥浆护壁钻孔灌注桩成孔时，下列做法正确的是（　　）。

A. 在成孔并一次清理完毕之后浇筑混凝土

B. 第一次清孔在沉放钢筋笼、下导管后

C. 泥浆循环清孔时，清孔后泥浆相对密度控制在 1.15～1.25

D. 第一次浇筑混凝土必须保证底端埋入混凝土 0.5m

11. 关于模板工程，下列说法正确的是（　　）。

A. 对于不小于 8m 的现浇钢筋混凝土梁，其模板应按设计要求起拱；当设计无具体要求时，起拱高度应为跨度的 1/1 000～3/1 000

B. 当混凝土强度能保证其表面及棱角不受损伤时，方可拆除侧模

C. 对于后张预应力混凝土结构构件，侧模宜在预应力张拉后拆除

D. 模板拆除时，一般按后支后拆、先支先拆

12. 施工现场防火，下列属于一级动火的是（　　）。

A. 现场堆有大量可燃和易燃物质的场所

B. 在具有一定危险因素的非禁火区域内进行临时焊、割等用火作业

C. 小型油箱等容器用火作业

D. 登高焊、割等用火作业

13. 厨房、厕浴间防水一般采用（　　）做法。

A. 混凝土防水　　B. 水泥砂浆防水

C. 沥青卷材防水　　D. 涂膜防水

14. 关于脚手架设置纵、横向扫地杆的说法，正确的是（　　）。

A. 脚手架必须设置纵、横向扫地杆

B. 纵向扫地杆应采用旋转扣件固定

C. 纵向扫地杆固定在距底座下皮不大于 200mm 处的立杆上

D. 横向扫地杆采用直角扣件固定在紧靠纵向扫地杆上方的立杆上

15. 常用水泥的初凝时间均不得早于（　　）min。

A. 30　　B. 45

C. 60　　D. 90

16. 关于人员进出通道口搭设防护棚的说法，正确的是（　　）。

A. 高度超过 16m 的交叉作业，通道口应设单层防护棚

B. 高度超过 16m 的交叉作业，通道口应设双层防护棚

C. 高度超过 24m 的交叉作业，通道口应设单层防护棚

D. 高度超过 24m 的交叉作业，通道口应设双层防护棚

17. 模板工程设计的主要原则不包括（　　）。

A. 实用性　　B. 耐久性

C. 安全性　　D. 经济性

18. 关于《建设工程工程量清单计价规范》的相关规定，说法正确的是（　　）。

A. 安全文明施工费可以作为竞争性费用

B. 非国有资金投资的建设工程必须采用工程量清单计价

C. 由于市场物价波动影响合同价款，应由发包方承担

D. 投标人可根据工程实际情况结合施工组织设计，对招标人所列的措施项目进行增补

19. 荷载是直接施加在结构上的各种力，荷载有不同的分类方法，下列不属于荷载分类方法的是（　　）。
A. 按随时间变异分类
B. 按结构的反应分类
C. 按荷载的受重能力分类
D. 按荷载作用面大小分类

20. 关于外用电梯安全控制要点的说法，正确的有（　　）。
A. 暴风雨过后，应组织对电梯各有关安全装置进行一次全面检查
B. 取得监理单位核发的《准用证》后方可投入使用
C. 外用电梯底笼周围 2.0m 范围内必须设置牢固的防护栏杆
D. 外用电梯与各层站过桥和运输通道，进出口处不用设置常闭型的防护门

二、多项选择题（共 10 题，每题 2 分。每题的备选项中，有 2 个或 2 个以上符合题意，至少有 1 个错项。错选，本题不得分；少选，所选的每个选项得 0.5 分）

21. 钢结构螺栓连接施工质量的说法，正确的有（　　）。
A. 普通螺栓紧固应从中间开始，对称向两边进行
B. 大型接头宜采用复拧
C. 高强度螺栓安装时可先用安装螺栓和冲钉，也可用高强度螺栓兼做安装螺栓
D. 高强度螺栓的紧固顺序从节点中间向边缘施拧
E. 高强度螺栓初拧和终拧应按相反的顺序进行，以使所有螺栓都均匀受力

22. 不可以选用作为基坑填筑土料的有（　　）。
A. 膨胀土
B. 淤泥质土
C. 含水量符合要求的黏性土
D. 干燥黄土
E. 有机质含量超过 5% 的土

23. 下列荷载中，属于动力荷载的有（　　）。
A. 地震作用
B. 吊车设备振动
C. 固定隔墙自重
D. 雪荷载
E. 楼面活荷载

24. 关于砌体工程质量验收的说法，正确的有（　　）。
A. 施工现场砌块应按品种、规格堆放整齐，堆置高度不宜超过 2m
B. 蒸压加气混凝土砌块采用专用砂浆或普通砂浆砌筑时应提前 1～2d 浇水湿润
C. 施工采用的小砌块的产品龄期不应小于 28d
D. 填充墙与承重主体结构间的空（缝）隙部位施工，应在填充墙砌筑 7d 后进行
E. 散热器卡具安装处砌筑的小砌块在施工前用 C15（或 Cb15）的混凝土将其孔洞灌实

25. 分项工程质量验收合格应符合（　　）。
A. 具有完整的施工操作依据、质量检查记录
B. 分项工程所含的检验批均应符合合格质量的规定
C. 分项工程所含的检验批的质量验收记录应完整
D. 质量控制资料应完整
E. 观感质量验收应符合要求

26. 水泥进场时应对其（　　）、包装或散装仓号等进行检查。

A. 强度　　　　B. 品种

C. 等级　　　　D. 出厂日期

E. 颗粒大小

27. 关于建筑安装工程费用按照造价形成划分，其组成部分有（　　）。

A. 人工费　　　　B. 材料费

C. 规费　　　　D. 企业管理费

E. 措施项目费

28. 墙体的构造措施包括（　　）方面。

A. 伸缩缝　　　　B. 沉降缝

C. 抗震缝　　　　D. 圈梁

E. 构造柱

29. 热辐射光源有白炽灯和卤钨灯，其特点包括（　　）。

A. 体积小、构造简单、使用方便、价格便宜

B. 散热量大、发光效率低、寿命短

C. 用在居住建筑和开关频繁、不允许有频闪现象的场所

D. 发光效率高，寿命长，灯的表面亮度低，光色好，接近天然光光色

E. 有频闪现象，镇流噪声、开关次数频繁，影响灯的寿命

30. 梁的正截面破坏形式与（　　）等有关。

A. 配筋率　　　　B. 截面尺寸

C. 混凝土强度等级　　　　D. 荷载形式

E. 截面形式

三、实务操作和案例分析题（共 4 题，每题 20 分）

（一）

背景资料：

某办公楼由 12 层主楼和 3 层辅楼组成。施工单位（乙方）与建设单位（甲方）签订了承建该办公楼施工合同，合同工期为 41 周。合同约定，工期每提前（或拖后）1d 奖励（或罚款）2 500 元。乙方提交了粗略的施工网络进度计划，并得到甲方的批准。该网络进度计划如下图所示。

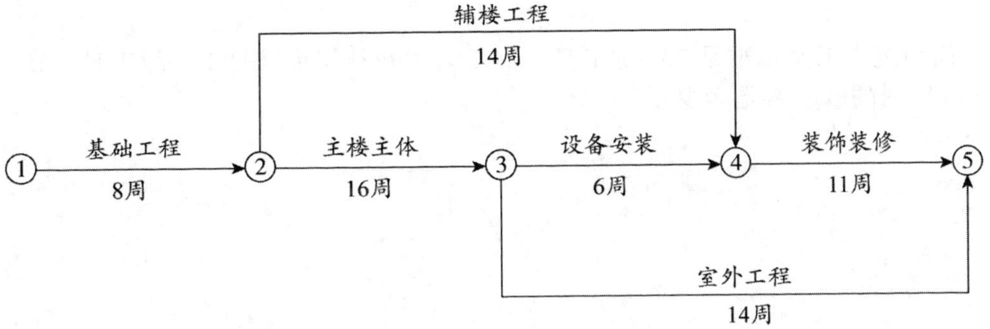

网络进度计划图

施工过程中发生了如下事件：

事件一： 在基坑开挖后，发现局部有软土层，乙方配合地质复查，配合用工 10 个工日。根

据批准的地基处理方案，乙方增加直接费5万元。因地基复查使基础施工工期延长3d，人工窝工15个工日。

事件二：辅楼施工时，因某处设计尺寸不当，甲方要求拆除已施工部分重新施工。因此造成增加用工30个工日，材料费、机械台班费计2万元，辅楼主体工作拖延1周。

事件三：在主楼主体施工中，因施工机械故障，造成工人窝工8个工日，该工作工期延长3d。

事件四：因乙方购买的室外工程管线材料质量不合格，甲方令乙方重新购买。因此造成该项工作多用人工8个工日，该项工作工期延长4d，材料损失费1万元。

事件五：鉴于工期较紧，经甲方同意，乙方在装饰装修时采取了加快施工的技术措施，使得该项工作缩短了1周，该项技术组织措施费0.6万元。其余各项工作实际作业工期和费用与原计划相符。

问题：

1. 该网络计划中哪些工作是主要控制对象（关键工作），计划工期是多少？

2. 针对上述每一事件，分别简述乙方能否向甲方提出工期及费用索赔及理由。

3. 该工程可得到的工期补偿为多少天？工期奖励（罚）款是多少？

4. 合同约定人工费标准是30元/工日，窝工人工费补偿标准是18元/工日，在工程清算时，乙方应得到的索赔款是多少？

（二）

背景资料：

某建设单位新建办公楼，与甲施工单位签订施工总承包合同。该工程门厅大堂内墙设计做法为干挂石材，多功能厅隔墙设计做法为石膏板骨架隔墙。施工过程中发生下列事件：

事件一：建设单位将该工程所有门窗单独发包，并与具备相应资质条件的乙施工单位签订门窗施工合同。

事件二：装饰装修施工时，甲施工单位组织大堂内墙与地面平行施工。监理工程师要求补充交叉作业专项安全措施。

事件三：施工单位上报了石膏板骨架隔墙施工方案。其中石膏板安装方法为“隔墙面板横向铺设，两侧对称、分层由下至上逐步安装；填充隔声、防火材料随面层安装逐层跟进，直至全部封闭；石膏板用自攻螺钉固定，先固定板四边，后固定板中部，钉头埋入板内，钉眼用石膏腻子抹平”。监理工程师审核认为施工方法存在错误，责令修改后重新报审。

事件四：工程完工后进行室内环境污染物浓度检测，结果不达标，经整改后再次检测达到相关要求。

问题：

1. 事件一中，建设单位将门窗单独发包是否合理？说明理由。

2. 事件二中，交叉作业安全控制应注意哪些要点？

3. 事件三中，指出石膏板安装施工方法中的不妥之处，写出正确做法。

4. 事件四中，室内环境污染物浓度再次检测时，应如何取样？

（三）

背景资料：

某酒店工程，建筑面积28 700m^2，地下1层，地上15层，现浇钢筋混凝土框架结构。建设单位依法进行招标，投标报价执行《建设工程工程量清单计价规范》，共有甲、乙、丙等 8 家单位参加了工程投标。经过公开开标、评标，最后确定甲施工单位中标。建设单位与甲施工单位按照《建设工程施工合同（示范文本）》签订了施工总承包合同。

工程投标及施工过程中，发生了下列事件：

事件一：在投标过程中，乙施工单位在投标总价基础上自行下浮 5%进行报价。评标小组经认真核算，认为乙施工单位报价中的部分费用不符合《建设工程工程量清单计价规范》中不可作为竞争性费用条款的规定，给予废标处理。

事件二：本工程采取综合单价计价模式，甲施工单位投标报价书中分部分项工程量清单合价为 8 200 万元，措施费项目清单合价为 360 万元，暂列金额为 50 万元，其他项目清单合价 120 万元，总包服务费为 30 万元，企业管理费 15%，利润为 5%，规费为 225.68 万元，税金为 3.41%。

事件三：7 月份遇到罕见特大暴雨，导致全场停工，影响总工期 10d；8 月份又遇到季节性降雨，导致全场停工，影响总工期 3d。施工单位向建设单位提出工期索赔 13d。

事件四：在竣工验收时，建设单位要求对已隐蔽的地下管沟工程重新挖开进行复验，施工单位认为施工过程中已按要求经监理工程师验收合格，故拒绝再次挖开检查。经总监理工程师调解，停工 2d 后施工单位同意复验，复验结果满足设计及规范要求。施工单位上报停工 2d、复验后重新恢复造成工期延误 6d 的两份工期索赔。

问题：

1. 事件一中，评标小组的做法是否正确？并指出不可作为竞争性费用的项目分别是什么？

2. 根据事件二中数据，列式计算甲施工单位的中标价是多少万元？（保留两位小数）

3. 事件三中，施工单位提出的索赔是否成立？分别说明理由。

4. 事件四中，施工单位不同意再次挖开检查的做法是否合理？说明理由。并判断两份工期索赔是否成立。

（四）

背景资料：

某病房楼工程，地下1层，地上12层，框架剪力墙结构，施工单位中标后正常组织了施工，结构施工至五层时，市安监站对该项目进行了全面检查，检查过程中发生了以下事件：

事件一：在施工现场检查时，检查人员发现：临时木工加工棚面积约90m^2，配置了2只灭火器，场区消防水进口在东北角有一处，手提灭火器直接放在仓库的地面上，现场消防车道的宽度达到了3.5m；检查人员对上述情况要求整改。

事件二：有一批次框架结构用的钢筋，施工总承包单位认为与上一批次已批准使用的是同一个厂家生产的，没有进行进场复验等质量验证工作，直接投入了使用。

事件三：在竣工验收时，建设单位要求施工总承包单位和装饰装修工程分包单位将各自的工程资料向项目监理机构移交，由项目监理机构汇总后向建设单位移交。

问题：

1. 事件一中，有哪些不妥之处？分别写出正确做法。

2. 工人施工作业前，消防安全教育和培训包括哪些内容？

3. 事件二中，施工单位的做法是否妥当？列出钢筋质量验证时材质复验的主要内容。

4. 事件三中，建设单位提出的工程竣工资料移交的要求是否妥当？并给出正确的做法。

《建筑工程管理与实务》押题模拟试卷（六）

（考试时间180分钟　满分120分）

一、单项选择题（共20题，每题1分。每题的备选项中，只有1个最符合题意）

1. 砌筑砂浆强度等级不包括（　　）。

A. M2.5　　B. M5

C. M7.5　　D. M10

2. 起居室内允许噪声级的等效连续A声级不应大于（　　）dB。

A. 37　　B. 40

C. 42　　D. 45

3. 麻棉毛毡、玻璃棉、岩棉、矿棉材料属于（　　）材料。

A. 多孔吸声　　B. 防潮

C. 隔振　　D. 隔热

4. 震害调查表明，框架结构震害的严重部位多发生在（　　）。

A. 框架柱中　　B. 框架梁中

C. 框架梁柱节点　　D. 框架楼板内

5. 按照抗震要求，下列梁端加密区的箍筋肢距，不正确的是（　　）。

A. 一级不宜大于200mm

B. 二级不宜大于250mm

C. 三级不宜大于280mm

D. 四级不宜大于300mm

6. 某工程地基验槽采用观察法，验槽时应重点观察的是（　　）。

A. 柱基、墙角、承重墙下

B. 槽壁、槽底的土质情况

C. 基槽开挖深度

D. 槽底土质结构是否被人为破坏

7. 大体积混凝土浇筑时，为保证结构的整体性和施工的连续性，采取分层浇筑时，应保证在下层混凝土（　　）将上层混凝土浇筑完毕。

A. 终凝前　　B. 终凝后

C. 初凝前　　D. 初凝后

8. 板、次梁与主梁交叉时，钢筋的位置顺序是（　　）。

A. 主梁筋在下，次梁筋居中，板筋在上

B. 主梁筋在上，次梁筋在下，板筋居中

C. 主梁筋在上，次梁筋居中，板筋在下

D. 主梁筋居中，次梁筋在下，板筋在上

9. 一般情况下，当受拉钢筋直径大于（　　）mm时，不宜采用绑扎搭接接头。

A. 22　　B. 25

C. 28　　D. 32

10. 下列因素中，不属于模板工程设计主要原则的是（　　）。

A. 实用性　　B. 安全性

C. 经济性　　D. 耐久性

11. 下列墙体中，可以留设脚手眼的是（　　）。

A. 120mm 厚墙

B. 宽度为 1.2m 窗间墙

C. 轻质墙体

D. 夹心复合墙外叶墙

12. 关于小砌块砌筑方式，正确的是（　　）。

A. 底面朝下正砌

B. 底面朝外垂直砌

C. 底面朝上反砌

D. 底面朝内垂直砌

13. 装配式混凝土建筑施工前，不参与设计文件图纸会审的单位是（　　）。

A. 设计单位　　B. 建设单位

C. 施工单位　　D. 生产单位

14. 关于涂料防水的说法，正确的是（　　）。

A. 有机防水涂料宜用于主体结构的迎水面或背水面

B. 无机防水涂料宜用于主体结构的迎水面或背水面

C. 防水涂膜多遍完成，每遍涂刷时应顺同一方向交替搭接

D. 涂料防水层中胎体增强材料上下两层应相互垂直铺贴

15. 每面墙不宜有两列（行）以上非整砖，非整砖宽度不宜小于整砖的（　　）。

A. 1/2　　B. 1/3

C. 1/4　　D. 1/5

16. 轻质隔墙工程质量验收，同一品种的轻质隔墙工程每（　　）间应划分为一个检验批，不足的也应划分为一个检验批。

A. 20　　B. 30

C. 40　　D. 50

17. 下列基坑监测内容中，属于对周围环境进行监测的内容是（　　）。

A. 对围护墙侧压力、弯曲应力和变形的监测

B. 坑外地形的变形监测

C. 对支撑（锚杆）轴力、弯曲应力的监测

D. 对腰梁（围檩）轴力、弯曲应力的监测

18. 在同一工程项目中，同一厂家、同一牌号、同一规格的钢筋连续（　　）批进场检验均一次检验合格时，其后的检验批量可扩大一倍。

A. 二　　B. 三

C. 四　　D. 五

19. 填充墙与承重主体结构间的空（缝）隙部位施工，应在填充墙砌筑（　　）d 后进行。

A. 3　　B. 7

C. 10　　D. 14

20. 检验批质量验收人员不包括（　　）。

A. 专业工长

B. 工程部经理

C. 施工单位项目专业质量检查员

D. 专业监理工程师

二、多项选择题（共10题，每题2分。每题的备选项中，有2个或2个以上符合题意，至少有1个错项。错选，本题不得分；少选，所选的每个选项得0.5分）

21. 多层砌体结构材料的特点有（　　）。

A. 脆性大

B. 抗拉能力低

C. 抗剪能力高

D. 抗弯能力低

E. 抵抗地震的能力差

22. 常用热轧型钢主要有（　　）。

A. 工字钢

B. 槽钢

C. 螺纹钢

D. 等边角钢

E. 不等边角钢

23. 混凝土缓凝剂主要用于（　　）的施工。

A. 高温季节混凝土

B. 蒸养混凝土

C. 大体积混凝土

D. 滑模工艺混凝土

E. 远距离运输的商品混凝土

24. 胶合板按成品板可见缺陷的数量和范围分为三个等级，即（　　）。

A. 优等品

B. 一等品

C. 二等品

D. 三等品

E. 合格品

25. 基坑监测项目的监测频率应综合考虑（　　）来确定。

A. 基坑支护结构

B. 基坑类别

C. 基坑施工阶段

D. 自然条件的变化

E. 当地经验

26. 关于混凝土自然养护的说法，符合相关规定的有（　　）。

A. 掺有缓凝型外加剂的混凝土，不得少于21d

B. 在混凝土浇筑完毕后，应在8～12h以内加以覆盖和浇水

C. 硅酸盐水泥拌制的混凝土，不得少于7d

D. 矿渣硅酸盐水泥拌制的混凝土，不得少于7d

E. 有抗渗性要求的混凝土，不得少于14d

27. 施工现场对环境影响常见的有（　　）。

A. 夜间施工照明造成的光污染

B. 施工产生的噪声

C. 施工产生的粉尘

D. 水电能源的消耗

E. 运输车辆产生的尾气

28. 下列属于建筑施工企业现场综合考评内容的有（　　）。

A. 施工组织管理

B. 工程质量管理

C. 施工安全管理

D. 文明施工管理

E. 施工单位的现场管理

29. 检验批质量合格时，（　　）应有完整的检查合格记录。

A. 主控项目　　B. 一般项目

C. 操作依据　　D. 质量记录

E. 安全交底

30. 为设计文件规定的本工程合理使用年限的工程有（　　）。

A. 地基基础工程　　B. 主体结构工程

C. 屋面工程　　D. 防水工程

E. 地面工程

三、实务操作和案例分析题（共 4 题，每题 20 分）

（一）

背景资料：

某办公楼工程，钢筋混凝土框架结构，地下 1 层，地上 8 层，层高 4.5m，工程桩采用泥浆护壁钻孔灌注桩，墙体采用普通混凝土小砌块，工程外脚手架采用双排落地扣件式钢管脚手架，位于办公楼顶层的会议室，其框架柱间距为 8m×8m。项目部按照绿色施工要求，收集现场施工废水循环利用。

在施工过程中，发生了下列事件：

事件一：项目部完成灌注桩的泥浆循环清孔工作后，随即放置钢筋笼、下导管及桩身混凝土灌注，混凝土浇筑至桩顶设计标高。

事件二：会议室顶板底模支撑拆除前，试验员从标准养护室取一组试件进行试验，试验强度达到设计强度的 60%，项目部据此开始拆模。

事件三：因工期紧，砌块生产 7 天后运往工地进行砌筑，砌筑砂浆采用收集的循环水进行现场拌制。墙体一次砌筑至梁底以下 200mm 位置，留待 14d 后砌筑顶紧。监理工程师进行现场巡视后责令停工整改。

事件四：施工总承包单位对项目部进行专项安全检查时发现：①安全管理检查评分表内的保证项目仅对“安全生产责任制”“施工组织设计及专项施工方案”两项进行了检查；②外架立面剪刀撑间距 12m，由底至顶连续设置；③电梯井口处设置活动的防护栅门，电梯井内每隔四层设置一道安全平网进行防护。检查组下达了整改通知单。

问题：

1. 指出事件一中的不妥之处，并写出正确做法。

2. 事件二中，项目部的做法是否正确？说明理由。当设计无规定时，通常情况下模板拆除顺序的原则是什么？

3. 针对事件三中的不妥之处，分别写出相应的正确做法。

4. 事件四中，安全管理检查评分表的保证项目还应检查哪些？写出施工现场安全设置需整改项目的正确做法。

（二）

背景资料：

某工程双代号施工网络计划如图所示，该进度计划已经监理工程师审核批准，合同工期为23个月。

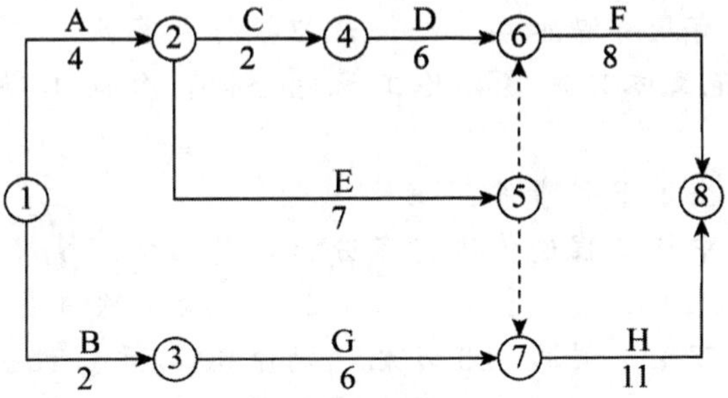

施工网络计划图

施工过程中发生如下事件：

施工单位施工至工作F时，由于建设单位供应材料的质量问题，造成施工单位人工费、机械费共损失5万元（含规费、税费），同时造成工作F时间延长1个月。施工单位提出了1个月的工期索赔和5万元的费用索赔。

问题：

1. 该施工网络计划的计算工期为多少个月？关键工作有哪些？

2. 计算工作 B、C、G 的总时差和自由时差。

3. 如果工作 C 和工作 G 需共用一台施工机械且只能按先后顺序施工（工作 C 和工作 G 不能同时施工），该施工网络进度计划应如何调整？

4. 该施工单位提出索赔的要求是否合理？说明理由。

（三）

背景资料：

某建设单位投资兴建住宅楼，建筑面积 12 000m²，钢筋混凝土框架结构，地下 1 层，地上 7 层，土方开挖范围内有局部滞水层。经公开招投标，某施工总承包单位中标。双方根据《建设工程施工合同（示范文本）》签订施工承包合同，合同工期为 10 个月，质量目标为合格。

合同履行过程中，发生了下列事件：

事件一：施工单位对中标工程造价进行了分析，费用构成情况是：人工费 390 万元，材料费 2 100 万元，机械费 210 万元，管理费 150 万元，措施项目费 160 万元，安全文明施工费 45 万元，暂列金额 55 万元，利润 120 万元，规费 90 万元。税金费率为 3.41%。

事件二：施工单位进场后，及时按照安全管理要求在施工现场设置了相应的警示牌。

事件三：由于工程地质条件复杂，距基坑边 5 米处为居民住宅区，因此施工单位在土方开挖过程中，安排专人随时观测周围环境变化。

事件四：施工单位按照成本管理工作要求，有条不紊的开展成本计划、成本控制、成本核算等一系列管理工作。

问题：

1. 事件一中，除税金外还有哪些费用在投标时不得作为竞争性费用？并计算施工单位的工程直接成本、间接成本、中标造价各是多少万元？（保留两位小数）

2. 事件二中，施工现场安全警示牌的设置应遵循哪些原则？

3. 事件三中，施工单位在土方开挖过程中还应注意检查哪些情况？

4. 事件四中，施工单位还应进行哪些成本管理工作？成本核算应坚持的“三同步”原则是什么？

（四）

背景资料：

某新建办公楼，地下1层，筏板基础，地上12层，框架—剪力墙结构。筏板基础，混凝土强度等级C30，抗渗等级P6，总方量1 980m^3，由某商品混凝土搅拌站供应，一次性连续浇筑，在施工现场内设置了钢筋加工区。

在合同履行过程中，发生了下列事件：

事件一：由于建设单位提供的高程基准点A点（高程H_A为75.141m）离基坑较远，项目技术负责人要求将高程控制点引测至临近基坑的B点。技术人员在两点间架设水准仪，A点立尺读数a为1.441m，B点立尺读数b为3.521m。

事件二：在筏板基础混凝土浇筑期间，试验人员随机选择了一辆正处于等候状态的混凝土运输车放料取样，并留置了一组标准养护抗压试件（3个）和一组标准养护抗渗试件（3个）。

事件三：框架柱箍筋采用ϕ8盘圆钢筋冷拉调直后制作，经测算，其中KZ1的箍筋每套下料长度为2 350mm。

事件四：在工程竣工验收合格并交付使用一年后，屋面出现多处渗漏，建设单位通知施工单位立即进行免费维修。施工单位接到维修通知24小时后，以已通过竣工验收为由不到现场，并拒绝免费维修。经鉴定，该渗漏问题因施工质量缺陷所致，建设单位另行委托其他单位进行修理。

问题：

1. 列式计算 B 点高程 H_B。

2. 分别指出事件二中的不妥之处，并写出正确做法。本工程筏板基础混凝土应至少留置多少组标准养护抗压试件？

3. 事件三中，在不考虑加工损耗和偏差的前提下，列式计算 100m 长 ϕ8 盘圆钢筋经冷拉调直后，最多能加工多少套 KZ1 的柱箍筋？

4. 事件四中，施工单位的做法是否正确？说明理由。建设单位另行委托其他单位进行修理是否正确？说明理由。修理费应由谁承担？

参考答案及解析

《建筑工程管理与实务》押题模拟试卷（一）

一、单项选择题

1. C【解析】民用建筑按地上高度和层数分类如下：①单层或多层民用建筑：建筑高度不大于 27.0m 的住宅建筑、建筑高度不大于 24.0m 的公共建筑及建筑高度大于 24.0m 的单层公共建筑；②高层民用建筑：建筑高度大于 27.0m 的住宅建筑和建筑高度大于 24.0m 且不大于 100.0m 的非单层公共建筑；③超高层建筑：建筑高度大于 100.0m 的民用建筑。

2. D【解析】建筑高度大于 100m 的民用建筑，应设置避难层（间）。

3. A【解析】高强度螺栓的紧固顺序应使螺栓群中所有螺栓都均匀受力，从节点中间向边缘施拧，初拧和终拧都应按一定顺序进行。当天安装的螺栓应在当天终拧完毕，外露丝扣应为 2～3 扣。

4. B【解析】全站仪又称全站型电子速测仪，是一种可以同时进行角度测量和距离测量的仪器，由电子测距仪、电子经纬仪和电子记录装置三部分组成。

5. A【解析】3～5mm 的净片玻璃一般直接用于有框门窗的采光。

6. A【解析】条形基础根据基础深度宜分段分层连续浇筑混凝土，一般不留施工缝。各段层间应相互衔接，每段间浇筑长度控制在 2 000～3 000mm 距离，做到逐段逐层呈阶梯形向前推进。

7. B【解析】简支梁的跨中位移计算公式为：$f=\frac{5ql^4}{384EI}$，从公式看出，梁的变形与构件的跨度 l 的 n 次方成正比。所以，构件跨度 l 对计算结果影响最大。

8. C【解析】施工采用的小砌块的产品龄期不应小于 28d。承重墙体使用的小砌块应完整、无破损、无裂缝。防潮层以上的小砌块砌体，宜采用专用砌筑砂浆。

9. C【解析】钎探是用锤将钢钎打入坑底以下的土层内一定深度，根据锤击次数和入土难易程度来判断土的软硬情况及有无古井、古基、洞穴、地下掩埋物等；打钎时，同一工程应钎径一致、锤重一致、用力（落距）一致。每贯入 30cm（通常称为一步），记录一次锤击数。30cm＝300mm。

10. B【解析】现浇混凝土工程模板支撑系统立柱安装时，为保证立柱的整体稳定，在安装立柱的同时，应加设水平拉结和剪刀撑。

11. A【解析】采用无节奏流水施工时，用“大差法”计算流水步距：

	4	7	9	14	
即：－		3	5	9	12
	4	4	4	5	－12

流水步距 K＝Max｛4，4，4，5，－12｝＝5（d），总工期 T＝（3＋2＋4＋3）＋5＝17（d）。

12. C【解析】混凝土所用原材料进场复验时，应对粗骨料的颗粒级配、含泥量、泥块含量、针片状含量指标进行检验，压碎指标可根据工程需要进行检验。

13. A【解析】现浇肋形楼盖中的板、次梁和主梁，一般均为多跨连续梁（板）。连续梁、板的受力特点是，跨中有正弯矩，支座有负弯矩。

14. D【解析】整体面层施工后，养护时间不应小于 7d；抗压强度应达到 5MPa 后，方准上人行走，抗压强度达到设计要求后，方可正常使用。

15. B【解析】《建设工程施工合同（示范文本）》通用条款规定的优先顺序为：①合同协议书；②中标通知书（如果有）；③投标函及其附录（如果有）；④专用合同条款及其附件；⑤通用合同条款；⑥技术标准和要求；⑦图纸；⑧已标价工程量清单或预算书；⑨其他合同文件。在合同订立及履行过程中形成的与合同有关的文件均构成合同文件组成部分。

16. B【解析】多个安全警示牌在一起布置时，应按警告、禁止、指令、提示类型的顺序，先左后右、先上后下进行排列。

17. B【解析】潮湿和易触及带电体场所的照明，电源电压不得大于 24V。

18. A【解析】在工程文件与档案的整理立卷、验收移交工作中，建设单位应对列入城建档案馆（室）接收范围的工程，工程竣工验收后 3 个月内，向当地城建档案馆（室）移交一套符合规定的工程档案。

19. C【解析】一级动火作业由项目负责人组织编制防火安全技术方案，填写动火申请表，报企业安全管理部门审查批准后，方可动火。

20. D【解析】金属幕墙板面嵌缝应采用中性硅酮耐候密封胶。

二、多项选择题

21. ACE【解析】安全性、适用性和耐久性概括称为结构的可靠性。

22. ABDE【解析】多层砌体结构材料脆性大，抗拉、抗剪、抗弯能力低，抵抗地震的能力差。在强烈地震作用下，多层砌体房屋的破坏部位主要是墙身，楼盖本身的破坏较轻，因此，必须采取相应的抗震构造措施。

23. BD【解析】涂膜防水层施工工艺应符合下列规定：水乳型及溶剂型防水涂料宜选用滚涂或喷涂施工；反应固化型防水涂料宜选用刮涂或喷涂施工；热熔型防水涂料宜选用刮涂施工；聚合物水泥防水涂料宜选用刮涂法施工；所用防水涂料用于细部构造时，宜选用刷涂或喷涂施工。

24. ABE【解析】提高水胶比会增加水泥用量，硅酸盐水泥水化热较高，会导致产生较多的水化热，不利于大体积混凝土施工。

25. ADE【解析】设有钢筋混凝土构造柱的抗震多层砖房，应先绑扎钢筋，然后砌砖墙，最后浇筑混凝土。墙与柱应沿高度方向每 500mm 设 2ϕ6 拉筋（一砖墙），每边伸入墙内不应少于 1m；构造柱应与圈梁连接；砖墙应砌成马牙槎，每一马牙槎沿高度方向的尺寸不超过 300mm，马牙槎从每层柱脚开始，先退后进。该层构造柱混凝土浇筑完以后，才能进行上一层施工。

26. CE【解析】“四新”技术包括：新技术、新工艺、新材料、新设备。根据现有的施工技术水平和管理水平，对项目施工中开发和使用的“四新”技术应做出规划并采取可行的技术、管理措施来满足工期和质量等要求。

27. ABCE【解析】当屋面卷材防水层有重物覆盖或基层变形较大时，应优先采用空铺法、点粘法、条粘法或机械固定。

28. ABCE【解析】安全技术交底应结合施工作业场所状况、特点、工序，对危险因素、施工方案、规范标准、操作规程和应急措施进行交底。

29. BC【解析】投标人在投标过程中，安全文明施工费、规费和税金不得作为竞争性费用。

30. BE【解析】节能工程的质量验收程序应符合下列要求：①节能工程的检验批验收和隐蔽工程验收应由专业监理工程师组织并主持，施工单位相关专业的质量检查员与施工员参加验收。②节能分项工程验收应由专业监理工程师组织并主持，施工单位项目技术负责人和相关专业的质量检查员、施工员参加验收；必要时可邀请主要设备、材料供应商及分包单位、设计单位相关专业的人员参加验收。③节能分部工程验收应由总监理工程师（建设单位项目负责人）组织并主持，施工单位项目负责人、项目技术负责人和相关专业的负责人、质量检查员、施工员参加验收；施工单位的质量或技术负责人应参加验收；设计单位项目负责人及相关专业负责人应参加验收；主要设备、材料供应商及分包单位负责人、节能设计人员应参加验收。

三、实务操作和案例分析题

（一）

【参考答案】

1. 施工组织设计过程的不妥之处及理由如下：

（1）不妥之处一：《施工组织设计》由项目技术部负责人主持编制。

理由：《施工组织设计》应由施工单位项目负责人主持编制。

(2) 不妥之处二：《施工组织设计》由项目技术负责人审核。

理由：《施工组织设计》应由施工单位主管部门审核。

2. 根据时标网络图上进度前锋线，可知：

6月底检查结果：工作③→⑥进度超前1个月，工作②→④进度滞后1个月，工作②→⑤进度滞后1个月。

3. (1) 施工单位向业主索赔赶工费5万元不成立。

(2) 理由：工作⑧→⑨总时差为3个月，目前停工待图2个月，没有超过工作⑧→⑨总时差，并不影响总工期，故工作⑧→⑨不需要赶工也能按合同工期完工。

4. 从投资角度分析进度偏差，其计算公式为：

进度偏差＝已完工作预算成本－拟完工作预算成本。

(1) 6月底拟完工程计划投资为：3×2＋4×3＋5×1＋3×4＋5×4＝55（万元）；6月底已完工程计划投资为：3×2＋4×3＋5×2＋3×3＋5×3＝52（万元）。则6月底进度偏差为：52－55＝－3（万元），即实际进度拖延3万元。

(2) 补充讲解11月份进度偏差：

11月底拟完工程计划投资（纯计划）3×2＋4×3＋5×6＋3×5＋4×2＋7×2＋5×4＋6×2＋4×3＝129（万元）；11月底已完工程计划投资（前锋线）3×2＋4×3＋5×5＋3×5＋4×2＋7×2＋5×4＋6×2＝112（万元）。11月底进度偏差＝已完工程计划投资－拟完工程计划投资＝112－129＝－17（万元），即实际进度拖延17（万元）。

（二）

【参考答案】

1. (1) 事件一中项目部的做法不妥。

(2) 理由：施工现场临时用电设备在5台及以上或设备总容量在50kW及以上者，应编制用电组织设计，但组织编制人不是项目技术负责人，而是电气工程技术人员组织编制，并要经相关部门审核及具有法人资格的技术负责人批准后才能投入实施。

2. 施工用电配电系统各配电箱、开关箱的安装位置规定有：

(1) 施工用电配电系统各配电箱、开关箱的安装位置要合理；

(2) 总配电箱（配电柜）要尽量靠近变压器或外电电源处，以便于电源的引入；

(3) 分配电箱应尽量安装在用电设备或负荷相对集中区域的中心地带，确保三相负荷保持平衡；

(4) 开关箱安装的位置应视现场情况和工况尽量靠近其控制的用电设备。

3. (1) 事件二中项目部的做法不妥。

(2) 理由：库房、道路、仓库属施工现场一般场所；一般场所宜选用额定电压为220V的照明器。

(3) 施工现场一般场所还应有：办公室；食堂；宿舍；料具堆放场所；自然采光差的场所；坑；洞；井内作业；夜间施工。

4. (1) 不妥之处一：室外220V灯具距地面统一为2.5m。

正确做法：室外220V灯具距地面不得低于3m。

(2) 不妥之处二：室内220V灯具距地面统一为2.2m。

正确做法：室内220V灯具距地面不得低于2.5m。

(3) 不妥之处三：碘钨灯安装高度统一为2.8m。

正确做法：碘钨灯的安装高度宜在3m以上。

（三）

【参考答案】

1. (1) 预付款：1 000×10％＝100（万元）。

(2) 预付款起扣点：1 000×60％＝600（万元）。

（3）截至6月份房地产公司支付的工程款（含预付款）为：100＋80＋160＋170＋180＝690（万元），所以从6月份开始扣回预付款。

2.（1）7月份工程款＝160－50＝110（万元）。

（2）8月份工程款＝130（万元）。

（3）截止8月末支付工程款＝100＋80＋160＋170＋180＋160＋130－100＝880（万元）。

3.（1）结算之前累计支付工程款：1 000×90％＝900（万元）。

（2）竣工结算工程款：1 000＋5－1＝1 004（万元）。

（3）保修金：1 004×5％＝50.20（万元）。

4.（1）工程竣工结算方式分为单位工程竣工结算、单项工程竣工结算和建设项目竣工总结算。

（2）本工程竣工结算属于建设项目竣工总结算。

（四）

【参考答案】

1.（1）事件一中，验槽的组织方式不妥当。

理由：验槽应该先由施工总承包单位自检，自检合格后向监理机构提出验收申请，由监理单位或建设单位组织勘察、设计、施工单位共同进行验槽。

（2）验槽还应包括：①根据设计图纸检查基槽的开挖平面位置、尺寸、槽底深度；检查是否与设计图纸相符，开挖深度是否符合设计要求；②仔细观察槽壁、槽底土质类型、均匀程度和有关异常土质是否存在，核对基坑土质及地下水情况是否与勘察报告相符；③检查基槽边坡外缘与附近建筑物的距离，基坑开挖对建筑物稳定是否有影响；④检查核实分析钎探资料，对存在的异常点位进行复合检查。

2.（1）事件二中，施工单位的做法不妥当。

理由：同一厂家生产的同一品种、同一类型、同一生产批次的进场材料应根据相应建筑材料质量标准与管理规程、规范要求的代表数量确定取样批次，抽取样品进行复试。

（2）钢筋质量验证时材质复验的主要内容包括屈服强度、抗拉强度、伸长率和冷弯性能。

3. 施工总承包单位还应补充的竣工验收资料有：①工程使用的主要建筑材料、构配件和设备的进场实验报告；②施工单位签署的工程保修书。

4.（1）建设单位提出的工程竣工资料移交的要求不妥当。

（2）正确做法：装饰装修工程属于分包工程，实行施工总承包的，各专业承包单位应向施工总承包单位移交施工资料，施工总承包单位应向建设单位移交施工资料，监理机构向建设单位移交资料。

《建筑工程管理与实务》押题模拟试卷（二）

一、单项选择题

1. C **【解析】** 结构设计的主要目的是要保证所建造的结构安全适用，能够在规定的期限内满足各种预期的功能要求，并且经济合理。具体说来，结构应具有以下几项功能：安全性、适用性和耐久性。

2. A **【解析】** 民用建筑按使用功能可分为居住建筑和公共建筑两大类。

3. A **【解析】** 可变作用（可变荷载或活荷载）：在结构使用期间，其值随时间变化，且其变化与平均值相比不可以忽略不计的荷载，例如：楼面活荷载、屋面活荷载和积灰荷载、活动隔墙自重、安装荷载、车辆荷载、吊车荷载、风荷载、雪荷载、水位变化的水压力、温度变化等。

4. C **【解析】** 填方土料应符合设计要求，保证填方的强度和稳定性。一般不能选用淤泥、淤泥质土、膨胀土、有机质大于5％的土、含水溶性硫酸盐大于5％的土、含水量不符合压实要求的黏性土。

5. B **【解析】** 跨度小于等于2m的板，其底模拆模时混凝土强度应大于等于设计强度的50％，即20×50％＝10（N/mm^2）。

6. C **【解析】** 吊杆距主龙骨端部和距墙的距离不应大于300mm。

7. A **【解析】** 预制混凝土板与现浇板对接时，预制板端钢筋应伸入现浇板中进行连接后，再浇筑现浇板。

8. B【解析】标高的竖向传递，宜采用钢尺从首层起始标高线垂直量取，规模较小的工业建筑或多层民用建筑宜从 2 处分别向上传递，规模较大的工业建筑或高层建筑宜从 3 处分别向上传递。施工层抄平之前，应先检测三个传递标高点，当较差小于 3mm 时，以其平均值作为本层标高基准，否则应重新传递。

9. D【解析】主龙骨上吊杆之间的距离应小于 1 000mm，主龙骨间距不应大于 1 200mm。当吊杆长度大于 1.5m 时，应设置反支撑。

10. A【解析】电梯井口除设置固定的栅门外，还应在电梯井内每隔两层（不大于 10m）设一道安全平网进行防护。

11. A【解析】工期优化也称时间优化，其目的是当网络计划计算工期不能满足要求工期时，通过不断压缩关键线路上的关键工作的持续时间等措施，达到缩短工期、满足要求的目的。选择优化对象应考虑下列因素：①缩短持续时间对质量和安全影响不大的工作；②有备用资源的工作；③缩短持续时间所需增加的资源、费用最少的工作。而直接费用率考虑到成本问题应该选择最小的。

12. C【解析】无机防水涂料宜用于结构主体的背水面或迎水面。

13. C【解析】楼板、屋面和平台等面上短边尺寸在 2.5～25cm 范围的孔口，必须用坚实的盖板盖严，盖板要有防止挪动移位的固定措施。边长为 50～150cm 的洞口，必须设置一层以扣件扣接钢管而成的网格栅，并在其上满铺竹笆或脚手板，也可采用贯穿于混凝土板内的钢筋构成防护网栅，钢筋网格间距不得大于 20cm。边长在 150cm 以上的洞口，四周必须设防护栏杆，洞口下张设安全平网防护。垃圾井道和烟道，应随楼层的砌筑或安装而逐一消除洞口，或按照预留洞口的作法进行防护。

14. C【解析】钢筋混凝土结构、预应力混凝土结构中，严禁使用含氯化物的水泥。

15. C【解析】注册执业人员未执行民用建筑节能强制性标准的，由县级以上人民政府建设主管部门责令停止执业 3 个月以上 1 年以下；情节严重的，由颁发资格证书的部门吊销执业资格证书，5 年内不予注册。

16. C【解析】建设单位收到工程竣工报告后，应由建设单位项目负责人组织施工、勘察、设计、监理等单位项目负责人进行单位工程验收，施工单位的质量、技术负责人也应参加验收。

17. A【解析】检验批是工程质量验收的最小单位，是分项工程直至整个建筑工程质量验收的基础。

18. C【解析】实行建筑高度控制区内的建筑，其建筑高度应以绝对海拔高度控制建筑物室外地面至建筑物和构筑物最高点的高度。

19. C【解析】地基验槽通常采用观察法：①槽壁、槽底的土质情况，验证基槽开挖深度，初步验证基槽底部土质是否与勘察报告相符，观察槽底土质结构是否受到人为破坏；验槽时应重点观察柱基、墙角、承重墙下或其他受力较大部位，如有异常部位，要会同勘察、设计等有关单位进行处理。②基槽边坡是否稳定，是否有影响边坡稳定的因素存在。③基槽内有无旧的房基、洞穴、古井、掩埋的管道和人防设施等。④在进行直接观察时，可用袖珍式贯人仪作为辅助手段。

20. A【解析】砌筑填充墙时应错缝搭砌，蒸压加气混凝土砌块搭砌长度不应小于砌块长度的 1/3；轻骨料混凝土小型空心砌块搭砌长度不应小于 90mm；竖向通缝不应大于 2 皮。

二、多项选择题

21. AE【解析】主要交通用的楼梯的梯段净宽一般按每股人流宽为 0.55＋（0～0.15）m 的人流股数确定；梯段改变方向时，平台扶手处的最小宽度不应小于梯段净宽，并不得小于 1.20m；每个梯段的踏步一般不应超过 18 级，亦不应少于 3 级；楼梯平台上部及下部过道处的净高不应小于 2m。梯段净高不宜小于 2.20m；楼梯应至少于一侧设扶手，梯段净宽达三股人流时应两侧设扶手，达四股人流时应加设中间扶手。室内楼梯扶手高度自踏步前缘线量起不宜小于 0.90m，靠楼梯井一侧水平扶手长度超过 0.50m 时，其高度不应小于 1.05m；有儿童经常使用的楼梯，梯井净宽大于 0.20m 时，必须采取安全措施；栏杆应采用不易攀登的构造，垂直杆件间的净距不应大干 0.11m。选项 B、C、D 错误。

22. CDE【解析】框架结构震害的严重部位多发生在框架梁柱节点和填充墙处；一般是柱的震害重于梁，柱顶的震害重于柱底，角柱的震害重于内柱，短柱的震害重于一般柱。

23. ABCD【解析】结构杆件的基本受力形式按其变形特点可归纳为以下五种：拉伸、压缩、弯曲、剪切和扭转。

24. ABCD【解析】施工进度计划按编制对象的不同可分为：施工总进度计划、单位工程进度计划、分阶段（或专项）工程进度计划、分部分项工程进度计划四种。

25. CE【解析】钎探是用锤将钢钎打入坑底以下的土层内一定深度，根据锤击次数和入土难易程度来判断土的软硬情况及有无古井、古墓、洞穴、地下掩埋物。

26. ACD【解析】大体积混凝土浇筑方案根据整体性要求、结构大小、钢筋疏密及混凝土供应等情况，可以选择全面分层、分段分层、斜面分层等方式。

27. AB【解析】用价值工程控制成本的原理是按价值工程的公式 $V=F/C$ 分析，提高价值的途径包括：①功能提高，成本不变；②功能不变，成本降低；③功能提高，成本降低；④降低辅助功能，大幅度降低成本；⑤成本稍有提高，大大提高功能。其中，①③④是提高价值，同时也降低成本的途径。

28. ACE【解析】工作总时差，是指在不影响总工期的前提下，本工作可以利用的机动时间；工作自由时差，是指在不影响其所有紧后工作最早开始的前提下，本工作可以利用的机动时间。超过总时差，会影响总工期。另外当实际拖延时间超过总工期允许拖延的时间时，需要调整原计划。

29. BE【解析】相关各专业工种之间，应进行交接检验，并形成记录。对于监理单位提出检查要求的重要工序，应经监理工程师检查认可，才能进行下道工序施工。未实行监理的建筑工程，建设单位相关人员应履行验收所涉及的监理职责。

30. ABE【解析】苯中毒和白血病是油漆作业容易出现的职业病。选项 C、D 错误。

三、实务操作和案例分析题

（一）

【参考答案】

1. (1) A、B、C、D 四个施工过程之间的流水步距计算如下：

A、B 的流水步距 K_{AB} 为：

	12	24	43	56	
−		18	38	56	78
	12	6	5	0	−78

$K_{AB}=12$ (d)。

B、C 的流水步距 K_{BC} 为：

	18	38	56	78	
−		25	50	70	92
	18	13	6	8	−92

$K_{BC}=18$ (d)。

C、D 的流水步距 K_{CD} 为：

	25	50	70	92	
−		12	25	40	54
	25	38	45	52	−54

$K_{CD}=52$ (d)。

(2) 计划工期 $T=(12+18+52)+(12+13+15+14)=136$ (d)。

2. (1) 不妥之处及理由如下：

①不妥之处一：最顶部两水平拉杆中间加设了一道水平拉杆。

理由：最顶部两水平拉杆中间应分别增加一道水平拉杆。

②不妥之处二：水平拉杆的端部与四周建筑物间隔 100mm。

理由：水平拉杆的端部均应与四周建筑物顶紧顶牢。

（2）水平拉杆无处可顶时的措施是：应于水平拉杆端部和中部沿竖向设置连续式剪刀撑。

3. 模板拆除的顺序和方法是：根据模板设计的要求进行。如果模板设计无具体要求时，可按先支的后拆，后支的先拆，先拆非承重的模板，后拆承重的模板及支架。

4. 事件三中，各项索赔成立与否的判断和理由如下：

（1）工程清理、恢复费用 18 万元，索赔成立。

理由：根据合同约定，不可抗力导致工程本身的损失及清理、恢复费用由发包人承担。

（2）施工机械设备重新购置和修理费用 29 万元，索赔不成立。

理由：不可抗力导致施工机械设备的损毁由承包人承担。

（3）工期顺延 6d，索赔成立。

理由：不可抗力事件导致的工期延误可以顺延。

（二）

【参考答案】

1. （1）监理工程师要求合理。

（2）理由：根据《危险性较大的分部分项工程安全管理办法》，该模板工程双向跨度为 19.8m，需编制专项施工方案并组织专家论证。施工单位技术部门应组织本单位施工技术、安全、质量等部门的专业技术人员对编制的专项施工方案应先进行审核，并经过专家论证审查后，再交由总监理工程师审核签字，才能进行施工。

2. （1）事件一中模板工程的专项施工方案不齐全。

（2）模板工程专项施工方案的内容还包括：①模板与支架的类型；②模板与支架的计算书与施工图；③施工安全和应急措施。

3. 事件二中不妥之处和理由分别如下：

（1）不妥之处一：本单位总工程师，监理、设计单位技术负责人组成专家组。

理由：根据《危险性较大的分部分项工程安全管理办法》，本项目参建各方的人员不得以专家身份参加专家论证会。

（2）不妥之处二：专家组提出口头论证意见后离开，论证会结束。

理由：根据《危险性较大的分部分项工程安全管理办法》，方案经论证后，专家组应当提交书面论证报告，并在论证报告上签字确认。

4. （1）事件三中事故可划分应为较大事故。

（2）质量事故凡具备下列条件之一者可判定为较大事故：①3 人及以上 10 人以下死亡；②10 人及以上 50 人以下重伤；③直接经济损失 1 000 万元及以上 5 000 万元以下。

（三）

【参考答案】

1. 项目直接成本由人工费、材料费、机械使用费和施工措施费构成，所以计算该项目的直接成本为：

320＋1 200＋170＋110＝1 800（万元）。

2. （1）甲施工单位的做法不正确。

（2）理由：按照建筑法、合同法的相关规定，甲施工单位是总承包单位，应该承担总承包责任，接受专业分包单位的索赔报告，按照合同条款和事件情况对专业分包单位做出答复，然后甲施工单位再向开发公司递交索赔报告。

（3）索赔金额：由于造成停工的责任属于开发公司，所以专业分包单位可以获得 8 万元的误工损失。

（4）索赔工期：关于工期损失分两种情况：①如果工作 C 在关键线路上，则可以获得 8d 的工期补偿；②如果工作 C 不在关键线路上，则无法获得 8d 的工期补偿。

3.（1）甲施工单位的做法不正确。

（2）理由：因为甲施工单位是总承包单位，应该承担总承包责任，负责整个施工场地的安全管理。

4.（1）甲施工单位的做法不正确。

（2）理由：因为甲施工单位是总承包单位，应该承担总承包责任。专业分包单位的工程档案上报给甲施工单位，再由甲施工单位上报开发公司。

（四）

【参考答案】

1.（1）资源管理工作还包括：人力资源管理、机械设备管理、技术管理和资金管理。

（2）项目管理机构应编制人力资源需求计划、人力资源配置计划、人力资源培训计划，编制工程材料与设备的需求计划和使用计划，编制项目资金需求计划、收入计划和使用计划。

2. 现场文明施工的内容还包括：

（1）规范场容、场貌，保持作业环境整洁卫生。

（2）减少施工过程对居民和环境的不利影响。

（3）树立绿色施工理念，落实项目文化建设。

3.（1）不妥之处：一只手提式灭火器直接挂在工人宿舍外墙的挂钩上，其顶部离地面的高度为 1.6m。

（2）正确做法：手提式灭火器应使用挂钩悬挂，或摆放在托架上、灭火箱内，也可直接放在室内干燥的地面上，其顶部离地面高度应小于 1.5m，底部离地面高度宜大于 0.15m。

4.（1）监理单位的做法正确。

（2）现场出入口应设大门和保安值班室，大门或门头设置企业名称和企业标识，车辆和人员出入口应分设，车辆出入口应设置车辆冲洗设施，人员进入施工现场的出入口应设置闸机。

《建筑工程管理与实务》押题模拟试卷（三）

一、单项选择题

1. D **【解析】** 技术因素的影响主要指建筑材料、建筑结构、施工方法等技术条件对于建筑建造设计的影响。

2. B **【解析】** 施工方法的确定原则：遵循先进性、可行性和经济性兼顾的原则。选项 A、C、D 错误。

3. C **【解析】** 控制模板起拱高度，消除在施工中因结构自重、施工荷载作用引起的挠度。对不小于 4m 的现浇钢筋混凝土梁、板，其模板应按设计要求起拱。设计无要求时，起拱高度宜为跨度的 1/1 000～3/1 000。经计算，起拱高度应在 0.78～2.34cm 之间，选项 C 在范围内。

4. C **【解析】** 缓凝剂、早强剂和速凝剂是调节混凝土凝结时间、硬化性能的外加剂，故选项 A、B、D 错误。

5. B **【解析】** 厕浴间、厨房的墙体，宜设置高出楼地面 150mm 以上的现浇混凝土泛水。

6. B **【解析】** 灌注桩成孔的控制深度应符合下列要求：①摩擦型桩：摩擦桩应以设计桩长控制成孔深度；端承摩擦桩必须保证设计桩长及桩端进入持力层深度。当采用锤击沉管法成孔时，桩管入土深度控制应以高程为主，以贯入度控制为辅。②端承型桩：当采用钻（冲）、挖掘成孔时，必须保证桩端进入持力层的设计深度；当采用锤击沉管法成孔时，桩管入土深度控制应以贯入度为主，以高程控制为辅。

7. C【解析】混凝土的耐久性是指混凝土抵抗环境介质作用并长期保持其良好使用性能和外观完整性的能力。它是一个综合性概念，包括抗渗、抗冻、抗侵蚀、碳化、碱骨料反应及混凝土中的钢筋锈蚀等性能，这些性能均决定着混凝土经久耐用的程度，故称为耐久性。

8. C【解析】高强度螺栓应自由穿入螺栓孔，不应气割扩孔。高强度螺栓的紧固顺序应使螺栓群中所有螺栓都均匀受力，从节点中间向边缘施拧，初拧和终拧都应按一定顺序进行。同一接头中，高强度螺栓连接副的初拧、复拧、终拧应在 24h 内完成，不应一次拧紧到位。

9. B【解析】模板拆除时，拆模的顺序和方法应按模板的设计规定进行。当设计无规定时，可采取先支的后拆、后支的先拆，先拆非承重模板、后拆承重模板的顺序，并应从上而下进行拆除。

10. A【解析】基坑工程监测包括支护结构监测和周围环境监测。周围环境监测包括：①坑外地形的变形监测；②邻近建筑物的沉降和倾斜监测；③地下管线的沉降和位移监测等。

11. C【解析】板材隔墙与骨架隔墙每个检验批应至少抽查 10%，并不得少于 3 间；不足 3 间时应全数检查。

12. C【解析】拆模之前必须要办理拆模申请手续，在同条件养护试块强度记录达到规定要求时，技术负责人方可批准拆模。

13. B【解析】单位工程施工组织设计经施工单位技术负责人或其授权人审批后，应在工程开工前由施工单位项目负责人组织，对项目部全体管理人员及主要分包单位进行交底并做好交底记录。

14. C【解析】两个及以上法人或者其他组织可以组成一个联合体，以一个投标人的身份共同投标。联合体各方均应当具备承担招标项目的相应能力；国家有关规定或者招标文件对投标人资格条件有规定的，联合体各方均应当具备规定的相应资格条件。由同一专业的单位组成的联合体，按照资质等级较低的单位确定资质等级。

15. A【解析】混凝土立方体抗压强度是指按国家标准《普通混凝土力学性能试验方法标准》，制作边长为 150mm 的立方体试件，在标准条件（温度 20±2℃，相对湿度 95%以上）下，养护到 28d 龄期，测得的抗压强度值。

16. A【解析】建设工程实行总包和分包的，由总包单位负责施工现场的统一管理，监督检查分包单位的施工现场活动。

17. B【解析】装修材料按其燃烧性能应划分为四级：A 级：不燃性；B_1 级：难燃性；B_2 级：可燃性；B_3 级：易燃性。

18. A【解析】操作架子上、平台上不宜堆放模板，必须短时间堆放时，一定要码放平稳，数量必须控制在架子或平台的允许荷载范围内，选项 B 错误。五级以上大风天气，应停止进行大块模板拼装和吊装作业，选项 C 错误。模板工程作业高度在 2m 及 2m 以上时，要有安全可靠的操作架子或操作平台，并按要求进行防护，选项 D 错误。

19. D【解析】板、次梁与主梁交叉处，板的钢筋在上，次梁的钢筋居中，主梁的钢筋在下；当有圈梁或垫梁时，主梁的钢筋在上。

20. D【解析】现场产生的固体废弃物应在所在地县级以上地方人民政府环卫部门申报登记，分类存放。

二、多项选择题

21. ABE【解析】建筑物由结构体系、围护体系和设备体系组成。

22. CDE【解析】卷材采用搭接法铺贴时，上下层卷材长边搭接缝应错开，且不应小于幅宽的 1/3，选项 A 错误。卷材宜平行屋脊铺贴，上下层卷材不得相互垂直铺贴，选项 B 错误。同一层相邻两幅卷材短边搭接缝错开不应小于 500mm；平行屋脊的搭接缝应顺流水方向，搭接缝宽度应符合《屋面工程质量验收规范》的规定；垂直于屋脊的搭接缝应顺年最大频率风向搭接；选项 C、D、E 正确。

23. ABDE 【解析】安全标志分为禁止标志、警告标志、指令标志和提示标志四大类型。

24. ABE 【解析】无节奏流水施工的特点：①各施工过程在各施工段的流水节拍不全相等；②相邻施工过程的流水步距不尽相等；③专业工作队数等于施工过程数；④各专业工作队能够在施工段上连续作业，但有的施工段间可能有间隔时间。

25. BCD 【解析】应对下列材料及其性能指标进行复验：①室内用花岗石的放射性、室内用人造木板的甲醛释放量；②水泥基粘结料的粘结强度；③外墙陶瓷板的吸水率；④严寒和寒冷地区外墙陶瓷面砖的抗冻性。

26. ABDE 【解析】单位工程施工组织设计编制的依据有：①与工程建设有关的法律、法规和文件；②国家现行有关标准和技术经济指标；③工程所在地区行政主管部门的批准文件，建设单位对施工的要求；④工程施工合同或招标投标文件；⑤工程设计文件；⑥工程施工范围内的现场条件，工程地质及水文地质、气象等自然条件；⑦与工程有关的资源供应情况；⑧施工企业的生产能力、机具设备状况、技术水平等。

27. ABC 【解析】诚信行为记录由各省、自治区、直辖市建设行政主管部门在当地建筑市场诚信信息平台上统一公布。

28. ACD 【解析】混凝土收缩裂缝原因：①混凝土原材料质量不合格，如骨料含泥量大等；②水泥或掺合料用量超出规范规定；③混凝土水胶比、坍落度偏大，和易性差；④混凝土浇筑振捣差，养护不及时或养护差。当所处环境湿度偏大时，可以减缓裂缝的发生。

29. AC 【解析】不得在下列墙体或部位设置脚手眼：①120mm 厚墙、清水墙、料石墙、独立柱和附墙柱；②过梁上与过梁成 60°角的三角形范围及过梁净跨度 1/2 的高度范围内；③宽度小于 1m 的窗间墙；④门窗洞口两侧石砌体 300mm，其他砌体 200mm 范围内；转角处石砌体 600mm，其他砌体 450mm 范围内；⑤梁或梁垫下及其左右 500mm 范围内；⑥设计不允许设置脚手眼的部位；⑦轻质墙体；⑧夹心复合墙外叶墙。

30. ABDE 【解析】总承包人将整个工程分派给 2 个项目部组织施工，只是施工方法的改变，工程的承包人没有发生变化。

三、实务操作和案例分析题

（一）

【参考答案】

1. 该网络计划的关键线路为：①→②→③→④→⑥→⑧。

2. （1）索赔成立的有事件一、事件四、事件五。

（2）事件一，按不可抗力处理，底板防水工程在关键线路上，所以只赔工期 5d，不赔费用；事件四，甲方采购的制冷机组因质量问题退换货是甲方的责任，设备安装也在关键线路上，所以可赔工期 9d，还可赔费用 3 万元；事件五，是甲方的责任，但工作不在关键线路上，有时差存在，所以只赔费用 0.5 万元，不赔工期。

3. （1）乙方可向大模板供应商索赔：

①理由：有合同关系，责任方在大模板供应商。

②内容：按合同约定赔偿，延误 1d，赔偿 1 万元，乙方可获得大模板供应商 10 万元赔偿。

（2）乙方可向劳务分包商索赔：

①理由：有合同关系，责任方在劳务分包商。

②内容：屋面工程不在关键线路上，未对乙方造成实际上的工期延误，所以劳务分包商按直接经济损失0.8万元赔偿给乙方。

4. （1）该工程实际总工期＝600＋5＋10＋9＝624（d）。

（2）乙方可得到甲方的工期补偿＝5＋9＝14（d）。

（3）工期罚款＝1×10＝10（万元）。

（二）

【参考答案】

1. 建筑物细部点测设方法常用的有：直角坐标法、极坐标法、角度交会法和距离交会法。

2. （1）该工程地下室结构混凝土采用普通硅酸盐水泥不合适。

（2）理由：因为地下水对钢筋混凝土结构有侵蚀，而普通硅酸盐水泥的耐腐蚀性较差，所以用在本案例地下结构混凝土中不合适。

（3）对于六大常用水泥，其中硅酸盐水泥、普通硅酸盐水泥均不适宜用于本案例中地下结构混凝土中。根据背景资料可知，该工程地下水系发达，地下工程所用混凝土应为有抗渗要求的混凝土，矿渣水泥也不适用于本工程。故火山灰水泥、粉煤灰水泥、复合水泥均适宜用于本案例地下结构混凝土中。

3. （1）不妥之处一：袋装水泥以500t为一检验批不妥。

理由：进场水泥袋装不超过200t为一检验批。

（2）不妥之处二：监理工程师对水泥的强度、含泥量以及颗粒级配进行检查不妥。

理由：水泥进场时应对水泥的强度、安定性、凝结时间及其他必要指标进行检查。

（3）不妥之处三：监理工程师判定此批水泥过期并清退出场不合理。

理由：按照相关规范规定，当在使用中对水泥质量有怀疑或水泥出厂超过三个月时，应进行复验，并按复验结果使用。此批水泥目前正好超过三个月，并不表示此批水泥已完全无用处，只是不能直接按原用途使用，应该重新取样进行复验，然后根据复验结果再作是否失效的判定。

4. （1）监理工程师对混凝土结构外观质量存在缺陷的处理方式不合理。

（2）理由：按相关规范规定，混凝土现浇结构的外观质量不应有严重缺陷，所以不应对现浇结构分项验收合格。针对已经出现的严重缺陷，正确做法应由施工单位提出技术处理方案，并经监理（建设）单位认可后进行处理。对经处理的部位，应重新进行检查验收。

（三）

【参考答案】

1. 事件一中不妥之处和理由分别如下：

（1）不妥之处一：公司委派另一处于后期收尾阶段项目的项目经理兼任该项目的项目经理。

理由：项目经理不应同时承担两个或两个以上未完项目领导岗位的工作。

（2）不妥之处二：项目经理责成项目总工程师组织编制该项目的《施工组织设计》。

理由：施工组织设计应由项目负责人主持编制。

2. 会引起施工组织设计需要修改或补充的情况还有：

（1）有关法律、法规、规范、标准实施或修订、废止。

（2）主要施工方法（工艺）有重大调整。

（3）主要施工资源配置有重大调整。

（4）施工环境有重大改变。

3. （1）施工单位不同意剥离检查不合理。

理由：根据《建设工程施工合同（示范文本）》，无论监理是否进行验收，当其要求对已隐蔽工程重新检验时，承包人应按要求开孔或剥离，并在检验后覆盖或修复。

（2）施工单位提出的工期索赔和费用索赔均不成立。

理由：剥离检验结果不合格，则工期延误和费用损失均应由施工单位自行承担。

4. 调整后的竣工结算价款计算如下：

固定比重＝1－（20%＋12%＋8%＋21%＋14%）＝25%。

结算价款＝3 540×（25%＋20%×105/100＋12%×127/120＋8%×105/115＋21%×120/108＋14%×129/115）＝3 718.49（万元）。

（四）

【参考答案】

1. 前视高程＝后视高程＋后视读数－前视读数＝50.128＋1.116－1.235＝50.009（m）。

2. （1）土方开挖过程中应对平面控制桩、水准点、基坑平面位置、水平标高、边坡坡度等经常进行检查。

（2）有支护土方工程可采用中心岛式（也称墩式）挖土、盆式挖土和逆作法挖土等方法。

3. 施工现场使用安全警示牌的基本要求包括：①现场存在安全风险的重要部位和关键岗位必须设置相应的安全警示牌；②应设置在所涉及的相应危险地点或设备附近最容易被观察到的地方；③应设置在明亮、光线充足的环境中；④应固定牢靠，尽量和人眼的视线高度一致；⑤不得设置在可移动的物体上，同时避免遮挡；⑥多个警示牌在一起布置时应从左到右自上而下按照警告、禁止、指令、提示的顺序排列，且标牌之间留有0.2倍的标牌尺寸距离；⑦有触电危险的场所，警示牌应选用绝缘材料；⑧露天场所宜选用反光材料或自发光材料制成的警示牌；⑨对有防火要求的场所，应选用由不燃材料制成的警示牌；⑩现场布置的安全警示牌应进行登记造册，并绘制安全警示布置总平面图，按图进行布置，如布置的点位发生变化，应及时保持更新；⑪现场布置的安全警示牌未经允许，任何人不得私自进行挪动、移位、拆除或拆换；⑫施工现场应加强对安全警示牌布置情况的检查，发现有破损、变形、褪色等情况时，应及时进行修整或更换。

4. （1）不妥之处一：未编制《用电施工组织设计》。因为用电设备在5台及以上或设备总容量在50kW及以上者，应编制《用电施工组织设计》。

（2）不妥之处二：由有经验的机械工进行用电管理。因为电工属于特种作业，需要持证（电工证）上岗。

（3）不妥之处三：用电设备直接从分配电箱接电不妥。应该按总配电箱→分配电箱→开关箱设置三级配电，而用电设备必须从开关箱接电。

《建筑工程管理与实务》押题模拟试卷（四）

一、单项选择题

1. C **【解析】** 体形系数是指建筑物与室外大气接触的外表面积与其所包围的体积的比值。建筑物的高度相同，其平面形式为圆形时体形系数最小，依次为正方形、长方形以及其他组合形式。体形系数越大，耗热量比值也越大，二者成正比。

2. B **【解析】** 灌注桩桩顶标高至少要比设计标高高出0.8～1.0m。

3. B **【解析】** 建筑物高程控制，应采用水准测量。主要建筑物附近的高程控制点，不应少于2个。

4. C **【解析】** 单位工程施工组织设计由项目负责人主持编制，项目经理部全体管理人员参加，施工单位主管部门审核，施工单位技术负责人或其授权的技术人员审批。

5. B【解析】梁、拱、壳小于等于 8m 的时候，混凝土强度达到设计抗压强度的 75%以上时，可对其底模及支架进行拆除。

6. D【解析】钢筋进场时，按国家现行有关标准抽样检验屈服强度、抗拉强度、伸长率及单位长度重量偏差。

7. A【解析】混凝土拌合物入模温度不应低于 5℃，且不高于 35℃。

8. C【解析】雨期施工期间，除采用防护措施外，小雨、中雨天气不宜进行混凝土露天浇筑，且不应开始大面积作业面的混凝土露天浇筑；大雨、暴雨天气不应进行混凝土露天浇筑，选项 C 错误。

9. C【解析】采用扣件式钢管作高大模板支架的立杆时，支架搭设应完整，并应符合下列规定：①钢管规格、间距和扣件应符合设计要求。②立杆上应每步设置双向水平杆，水平杆应与立杆扣接。③立柱接长严禁搭接，必须采用对接扣件连接，相邻两立柱的对接接头不得在同步内，且对接接头沿竖向错开的距离不宜小于 500mm。严禁将上段的钢管立柱与下段钢管立柱错开固定在水平拉杆上。④立杆底部应设置垫板，在立杆底部的水平方向上应按纵下横上的次序设置扫地杆。⑤满堂支撑架的可调底座、可调托撑螺杆伸出长度不宜超过 300mm，插入立杆内的长度不得小于 150mm。⑥立杆的纵、横向间距应满足设计要求，立杆的步距不应大于 1.8m；顶层立杆步距应适当减小，且不应大于 1.5m；支架立杆的搭设垂直偏差不宜大于 5/1 000，且不应大于 100mm。⑦承受模板荷载的水平杆与支架立杆连接的扣件，其拧紧力矩不应小于 40N·m，且不应大于 65N·m。

10. A【解析】施工现场的消防安全工作应以“预防为主、防消结合”为方针。

11. C【解析】高度在 24m 以下的单、双排脚手架，均必须在外侧立面的两端各设置一道剪刀撑，并应由底至顶连续设置，中间各道剪刀撑之间的净距不应大于 15m。24m 以上的双排脚手架应在外侧全立面连续设置剪刀撑。剪刀撑、横向斜撑搭设应随立杆、纵向和横向水平杆等同步搭设，各底层斜杆下端均必须支承在垫块或垫板上。

12. B【解析】二级动火作业由项目责任工程师组织拟定防火安全技术措施，填写动火申请表，报项目安全管理部门和项目负责人审查批准后，方可动火。

13. B【解析】砖砌体的转角处和交接处应同时砌筑，严禁无可靠措施的内外墙分砌施工。在抗震设防烈度为 8 度及 8 度以上地区，对不能同时砌筑而又必须留置的临时间断处应砌成斜槎，普通砖砌体斜槎水平投影长度不应小于高度的 2/3，多孔砖砌体的斜槎长高比不应小于 1/2。斜槎高度不得超过一步脚手架的高度。非抗震设防及抗震设防烈度为 6 度、7 度地区的临时间断处，当不能留斜槎时，除转角处外，可留直槎，但直槎必须做成凸槎，且应加设拉结钢筋。

14. D【解析】同一品种、类型和规格的特种门每 50 樘应划分为一个检验批，不足 50 樘也应划分为一个检验批。

15. A【解析】场地四周必须采用封闭围挡，围挡要坚固、稳定、整洁、美观，并沿场地四周连续设置。一般路段的围挡高度不得低于 1.8m，市区主要路段的围挡高度不得低于 2.5m。

16. A【解析】民用建筑工程根据控制室内环境污染的不同要求，划分为以下两类：Ⅰ类民用建筑工程：住宅、居住功能公寓、老年人照料房屋设施、幼儿园、学校教室、学生宿舍等民用建筑工程；Ⅱ类民用建筑工程：办公楼、商店、旅馆、文化娱乐场所、书店、图书馆、展览馆、体育馆、公共交通等候室、餐厅等民用建筑工程。

17. C【解析】建筑节能分部工程的质量验收，应在检验批、分项工程全部验收合格的基础上，在单位工程竣工验收前进行。

18. C【解析】连续梁、板的上部钢筋接头位置宜设置在跨中 1/3 跨度范围内，下部钢筋接头位置宜设置在梁端 1/3 跨度范围内。

19. D【解析】在工程竣工后，施工安装单位必须委托具备资格的建筑消防设施检测单位进行技术测试，取得建筑消防设施技术测试报告。

20. A 【解析】对具备相应情形的特殊建设工程，建设单位必须向消防机构申请消防设计审核，并且在工程竣工后，向出具消防设计审核意见的消防机构申请消防验收。

二、多项选择题

21. ABCE 【解析】在结构安全性得到保证的情况下，对影响结构正常使用的变形、裂缝、位移、振动等适用性问题，应以现行结构设计标准的要求为依据进行评定。

22. ABDE 【解析】不得在下列墙体或部位设置脚手眼：①120mm 厚墙、清水墙、料石墙、独立柱和附墙柱。②过梁上与过梁成 60°角的三角形范围及过梁净跨度 1/2 的高度范围内。③宽度小于 1m 的窗间墙。④门窗洞口两侧石砌体 300mm，其他砌体 200mm 范围内；转角处石砌体 600mm，其他砌体 450mm 范围内。⑤梁或梁垫下及其左右 500mm 范围内。⑥设计不允许设置脚手眼的部位。⑦轻质墙体。⑧夹心复合墙外叶墙。

23. ADE 【解析】大体积混凝土裂缝的控制措施有：①优先选用低水化热的矿渣水泥拌制混凝土，并适当使用缓凝减水剂。②在保证混凝土设计强度等级前提下，适当降低水胶比，减少水泥用量。③降低混凝土的入模温度，控制混凝土内外的温差（当设计无要求时，控制在 25℃以内）。如降低拌合水温度（拌合水中加冰屑或用地下水）；骨料用水冲洗降温，避免暴晒。④及时对混凝土覆盖保温、保湿材料。⑤可在基础内预埋冷却水管，通入循环水，强制降低混凝土水化热产生的温度。⑥在拌合混凝土时，还可掺入适量的微膨胀剂或膨胀水泥，使混凝土得到补偿收缩，减少混凝土的收缩变形。⑦设置后浇缝。当大体积混凝土平面尺寸过大时，可以适当设置后浇缝，以减小外应力和温度应力；同时，也有利于散热，降低混凝土的内部温度。⑧大体积混凝土可采用二次抹面工艺，减少表面收缩裂缝。选项 B、C 错误。

24. CDE 【解析】横道计划不能够直观地表达各项工作的机动时间，横道计划不能明确地反映工程费用与工期之间的关系。

25. ABCE 【解析】施工现场平面布置图应包括以下基本内容：①工程施工场地状况；②拟建建（构）筑物的位置、轮廓尺寸、层数等；③工程施工现场的加工设施、存贮设施、办公和生活用房等的位置和面积；④布置在工程施工现场的垂直运输设施、供电设施、供水供热设施、排水排污设施和临时施工道路等；⑤施工现场必备的安全、消防、保卫和环境保护等设施；⑥相邻的地上、地下既有建（构）筑物及相关环境。

26. ABDE 【解析】基坑支护破坏的主要形式有：①由支护的强度、刚度和稳定性不足引起的破坏；②由支护埋置深度不足，导致基坑隆起引起的破坏；③由止水帷幕处理不好，导致管涌等引起的破坏；④由人工降水处理不好引起的破坏。

27. CE 【解析】强夯地基施工前应进行试夯，选定夯锤重量、底面直径和落距，以便确定最后下沉量及相应的最少夯实遍数和总下沉量等施工参数。试夯的密实度和夯实深度必须达到设计要求。

28. ABD 【解析】轻质填充墙不应作幕墙的支承结构，选项 C 错误。锚板宜采用 Q235 级钢，锚筋应采用 HPB300、HRB335 或 HRB400 级热轧钢筋，严禁使用冷加工钢筋，选项 E 错误。

29. ACDE 【解析】施工现场临时用水包括生产用水、机械用水、生活用水和消防用水。

30. ABC 【解析】检验批可根据施工及质量控制和专业验收的需要，按工程量、楼层、施工段、变形缝进行划分。

三、实务操作和案例分析题

（一）

【参考答案】

1. （1）施工总承包单位提交的施工总进度计划的工期是 18 个月。

(2) 该工程总进度计划的关键线路为 A→C→F→H→K→M→N。

2. (1) 监理工程师做法妥当。

理由：因为专业分包单位与建设单位没有合同关系，分包单位不得与建设单位和监理单位发生工作联系，管桩基础专项施工方案应为施工总承包单位编制送审，所以拒收分包单位报送专项施工方案，以及对总包单位下达停工令是妥当的。

(2) 施工总承包单位做法不妥当。

理由：因为专业分包单位与建设单位没有合同关系，监理单位不得对其下达停工令；而总包单位与建设单位有合同关系，并且应对分包工程质量和分包单位负有连带责任，所以施工总承包单位拒签停工令的做法是不妥当的。

3. (1) 事件二中不妥之处如下：

①不妥之处一：由项目总工程师组织基坑验槽。

理由：应由总监理工程师或建设单位项目负责人组织。

②不妥之处二：参加验槽的单位仅有施工单位和监理单位。

理由：由总监理工程师或建设单位项目负责人组织建设、监理、勘察、设计及施工单位的项目负责人、技术质量负责人，共同按设计要求和有关规定进行。

③不妥之处三：施工单位自行对软弱下卧层进行处理。

理由：基坑验槽过程中发现与原地质勘察报告、设计不符或其他的异常情况，应会同建设、监理、勘察、设计等有关单位共同研究处理，不能由施工单位自行拟订方案组织实施。

(2) 基坑验槽时应重点观察的部位有：

柱基、墙角、承重墙下或其他受力较大的部位。

4. (1) 施工机械停工损失费 13 000 元的索赔成立。

理由：由设计变更引起的，应由建设单位承担责任。

(2) 延期 2 个月的工期索赔不成立。

理由：工作 B 有 2 个月的总时差，延长 2 个月不会影响总工期。

(二)

【参考答案】

1. (1) 本工程中的基坑支护工程、降水工程、土方开挖工程为超过一定规模的危险性较大的分部分项工程。

(2) 理由：本工程基础埋深为 8.4m，超过了 5m。根据相关规定，开挖深度超过 5m（含 5m）的基坑的土方开挖、支护、降水工程为超过一定规模的危险性较大的分部分项工程，施工方案需要组织专家论证。

2. (1) 不妥之处一：基坑直接开挖至设计标高，未留人工清槽土层。

理由：基坑采用机械开挖，当将挖到基底和边坡设计标高、尺寸时，应预留 200～300mm 厚度的土方，进行人工清槽、修坡，避免超挖，扰动基底的土层。

(2) 不妥之处二：施工单位自行对软弱下卧层进行处理。

理由：施工单位应会同监理单位、建设单位、勘察单位、设计单位一起确定处理方案，报监理单位批准后方可执行。

3. (1) 工程验槽的做法不妥当。

(2) 理由：验槽应由总监理工程师或建设单位项目负责人组织建设、监理、勘察、设计及施工单位的项目负责人、技术质量负责人，共同按设计要求和有关规定进行。

4. 土方回填质量控制要点如下：

(1) 回填材料的粒径、含水率等应符合设计要求和规范规定。

(2) 土方回填前应清除基底的垃圾、树根等杂物，抽除积水，挖出淤泥，验收基底高程。

(3) 填筑厚度及压实遍数应根据土质、压实系数及所用机具经试验确定。填方应按设计要求预留沉降量，一般不超过填方高度的3%。冬季填方每层铺土厚度应比常温施工时减少20%～25%，预留沉降量比常温时适当增加。土方中不得含冻土块且填土层不得受冻。

(三)

【参考答案】

1. (1) 场地四周设置1.5m高的现场围挡不妥。

   正确做法：场地四周必须采用封闭围档，围档要坚固、稳定、整洁、美观，并沿场地四周连续设置。一般路段的围挡高度不得低于1.8m，市区主要路段的围挡高度不得低于2.5m。

   (2) 安排部分工人住在已建成的该工程地下室内不妥。

   正确做法：现场的施工区域应与办公生活区划分清晰，并应采取相应的隔离防护措施，在建工程内严禁住人。

   (3) 安装了一根管径50mm的消防竖管，平时兼做楼层施工供水不妥。

   正确做法：高度超过24m的建筑工程，安装临时消防竖管，管径不小于75mm，严禁消防竖管作为施工用水管线。

2. 施工现场因特殊情况确实需要夜间施工的，除采取一定降噪措施外，还需办理夜间施工许可证明，并公告附近社区居民。

3. (1) 安排只在每日气温高于5℃的时间段进行施工不正确。

   正确做法：外保温工程施工期间以及完工后24h内，基层及环境空气温度不应低于5℃。

   (2) 按纵横向8m的间距设置分格缝不正确。

   正确做法：水泥砂浆找平层的分格缝的纵横向间距不宜大于6m。

4. (1) 事件四中节能验收不妥当。

   (2) 理由：节能分部工程验收应由总监理工程师（建设单位项目负责人）主持，施工单位项目经理、项目技术负责人和相关专业的质量检查员、施工员参加；施工单位的质量或技术负责人应参加；主要设备、材料供应商及分包单位负责人；设计单位节能设计人员应参加。

(四)

【参考答案】

1. 施工现场安全警示牌的设置应遵循“标准、安全、醒目、便利、协调、合理”的原则。

   (1)“标准”是指图形、尺寸、色彩、材质应符合标准。

   (2)“安全”是指设置后其本身不能存在潜在危险，应保证安全。

   (3)“醒目”是指设置的位置应醒目。

   (4)“便利”是指设置的位置和角度应便于人们观察和捕获信息。

   (5)“协调”是指同一场所设置的各种标志牌之间应尽量保持其高度、尺寸及与周围环境的协调统一。

   (6)“合理”是指尽量用适量的安全标志反映出必要的安全信息，避免漏设和滥设。

2. (1) 不妥之处一：特殊库房位置挂提示标志。

   正确做法：应挂禁止标志。

   (2) 不妥之处二：钢筋切割机旁挂禁止标志。

   正确做法：应挂警告标志。

   (3) 不妥之处三：在配电室旁挂指令标志。

   正确做法：应挂警告和禁止标志。

3. (1) 风雨结束后，应该对脚手架再次进行检查验收。

(2) 理由：遇有六级及以上大风或大雨后应对脚手架进行检查验收。

(3) 需对脚手架及其地基基础进行检查和验收的情况还有：①基础完工后，架体搭设前；②每搭设完6～8m高度后；③作业层上施加荷载前；④达到设计高度后；⑤冻结地区解冻后；⑥停用超过一个月的，在重新投入使用之前。

4. 事件四中有如下不妥之处：

(1) 不妥之处一：将小砌块充分浇水湿润。

正确做法：普通混凝土小型空心砌块砌体，砌筑前不需对小砌块浇水湿润；如遇天气干燥炎热，宜在砌筑前对其浇水湿润；雨天及小砌块表面有浮水时，不得施工。

(2) 不妥之处二：底面朝下正砌于墙上。

正确做法：应将生产时的底面朝上反砌于墙上。

(3) 不妥之处三：外墙转角处的临时间断处留直槎。

正确做法：临时间断处应砌成斜槎，斜槎水平投影长度不应小于斜槎高度。

《建筑工程管理与实务》押题模拟试卷（五）

一、单项选择题

1. B **【解析】** 雨期施工中，砌筑工程每天砌筑高度不得超过1.2m。

2. D **【解析】** 时间参数是指在组织流水施工时，用以表达流水施工在时间安排上所处状态的参数，主要包括流水节拍、流水步距和流水施工工期等。流水强度属于工艺参数。

3. D **【解析】** 当受拉钢筋直径大于25mm、受压钢筋直径大于28mm时，不宜采用绑扎搭接接头。

4. D **【解析】** 单位工程施工组织设计由项目负责人主持编制，项目经理部全体管理人员参加，施工单位主管部门审核，施工单位技术负责人或其授权的技术人员审批。

5. B **【解析】** 基坑（槽）验槽时应做好基坑验槽记录和隐蔽工程记录。

6. B **【解析】** 砖墙洞口应采用膨胀螺钉固定，不得固定在砖缝处，且严禁使用射钉固定。

7. B **【解析】** 劳动力配置计划的依据有：①确定各施工阶段用工量；②根据施工进度计划确定各施工阶段劳动力配置计划。

8. D **【解析】** 基坑边缘堆置土方和建筑材料，或沿挖方边缘转移运输工具和机械，一般应距基坑上部边缘不少于2m，堆置高度不应超过1.5m。在垂直的坑壁边，此安全距离还应适当加大。软土地区不宜在基坑边堆置弃土。

9. B **【解析】** 与普通混凝土小型空心砌块相比，轻骨料混凝土小型空心砌块密度较小、热工性能较好，但干缩值较大，使用时更容易产生裂缝。

10. C **【解析】** 第一次清孔在提钻前，第二次清孔在沉放钢筋笼、下导管后。第一次浇筑混凝土必须保证底端能埋入混凝土中0.8～1.3m，以后的浇筑中导管埋深宜为2～6m。

11. B **【解析】** 对不小于4m的现浇钢筋混凝土梁、板，其模板应按设计要求起拱。设计无要求时，起拱高度宜为跨度的1/1 000～3/1 000，选项A错误。对于后张预应力混凝土结构构件，侧模宜在预应力张拉前拆除，选项C错误。模板及其支架的拆除时间和顺序必须按施工技术方案确定的顺序进行，一般是后支的先拆，先支的后拆；先拆非承重部分，后拆承重部分，选项D错误。

12. A **【解析】** 凡属下列情况之一的动火，均为一级动火：①禁火区域内；②油罐、油箱、油槽车和储存过可燃气体、易燃液体的容器及与其连接在一起的辅助设备；③各种受压设备；④危险性较大的登高焊、割作业；⑤比较密封的室内、容器内、地下室等场所；⑥现场堆有大量可燃和易燃物质的场所。

13. D【解析】针对厨房、厕浴间的防水施工，存在施工空间相对狭小、空气流通不畅、穿楼板（墙）管道多、阴阳角较多等不利因素，如果用防水材料，其施工不易操作，防水效果不易保证。故选择防水材料时，应充分考虑可操作性。因此，在作业上一般采用施工灵便、无接缝的涂膜防水做法。

14. A【解析】脚手架必须设置纵、横向扫地杆。纵向扫地杆应采用直角扣件固定在距底座上皮不大于200mm处的立杆上，横向扫地杆亦应采用直角扣件固定在紧靠纵向扫地杆下方的立杆上。

15. B【解析】水泥的凝结时间分初凝时间和终凝时间。初凝时间是从水泥加水拌合起至水泥浆开始失去可塑性所需的时间；终凝时间是从水泥加水拌合起至水泥浆完全失去可塑性并开始产生强度所需的时间。国家标准规定，六大常用水泥的初凝时间均不得短于45min，硅酸盐水泥的终凝时间不得长于6.5h，其他五类常用水泥的终凝时间不得长于10h。

16. D【解析】结构施工自二层起，凡人员进出的通道口都应搭设符合规范要求的防护棚，高度超过24m的交叉作业，通道口应设双层防护棚进行防护。

17. B【解析】模板工程设计的主要原则有：①实用性：模板要保证构件形状尺寸和相互位置的正确，且构造简单、支拆方便、表面平整、接缝严密不漏浆等。②安全性：要具有足够的强度、刚度和稳定性，保证施工中不变形、不破坏、不倒塌。③经济性：在确保工程质量、安全和工期的前提下，尽量减少一次性投入，增加模板周转次数，减少支拆用工，实现文明施工。

18. D【解析】措施项目清单中的安全文明施工费应按照国家或省级、行业建设主管部门的规定计价，不得作为竞争性费用。规费和税金应按国家或省级、行业建设主管部门的规定计算，不得作为竞争性费用，选项A错误。全部使用国有资金投资或国有资金投资为主的建设工程施工发承包，必须采用工程量清单计价。非国有资金投资的建设工程，宜采用工程量清单计价，选项B错误。由于市场物价波动影响合同价款，应由发承包双方合理分摊并在合同中约定。合同中没有约定的，发、承包双方发生争议时，按下列规定实施：①材料、工程设备的涨幅超过招标时基准价格5%以上由发包人承担；②施工机械使用费涨幅超过招标时的基准价格10%以上由发包人承担，选项C错误。

19. C【解析】荷载的分类：①按随时间的变异分为：永久作用（永久荷载或恒载）；可变作用（可变荷载或活荷载）；偶然作用（偶然荷载、特殊荷载）。②按结构的反应分为：静态作用或静力作用；动态作用或动力作用。③按荷载作用面大小分为：均布面荷载；线荷载；集中荷载。④按荷载作用方向分为：垂直荷载；水平荷载。

20. A【解析】外用电梯的安装和拆卸作业必须由取得相应资质的专业队伍进行，安装完毕经验收合格，取得政府相关主管部门核发的《准用证》后方可投入使用，选项B错误。外用电梯底笼周围2.5m范围内必须设置牢固的防护栏杆，进出口处的上部应根据电梯高度搭设足够尺寸和强度的防护棚，选项C错误。外用电梯与各层站过桥和运输通道，除应在两侧设置安全防护栏杆、挡脚板并用安全立网封闭外，进出口处尚应设置常闭型的防护门，选项D错误。

二、多项选择题

21. ABD【解析】高强度螺栓不得兼做安装螺栓。高强度螺栓的紧固顺序应使螺栓群中所有螺栓都均匀受力，从节点中间向边缘施拧，初拧和终拧都应按一定顺序进行。选项C、E错误。

22. ABE【解析】填方土料应符合设计要求，保证填方的强度和稳定性。一般不能选用淤泥、淤泥质土、膨胀土、有机质大于5%的土、含水溶性硫酸盐大于5%的土、含水量不符合压实要求的黏性土。填方土应尽量采用同类土。

23. AB【解析】固定隔墙自重、楼面活荷载、雪荷载均属于静力荷载。

24. AC【解析】采用普通砂浆砌筑填充墙时，烧结空心砖、吸水率较大的轻骨料混凝土小型空心砌块应提前1～2d浇水湿润；蒸压加气混凝土砌块采用专用砂浆或普通砂浆砌筑时，应在砌筑当天对砌块砌筑面浇水湿润，选项B错误。填充墙砌体砌筑，应在承重主体结构检验批验收合格后进行；主体结构之间的空隙部位，应在填充墙砌筑14d后进行砌筑，选项D错误。在散热器、厨房和卫生间等设置的卡具安装处砌筑的小砌块，宜在施工前用强度等级不低于C20（或Cb20）的混凝土将其孔洞灌实，选项E错误。

25. BC **【解析】** 分项工程质量验收合格应符合下列规定：分项工程所含的检验批均应符合合格质量的规定；分项工程所含的检验批的质量验收记录应完整。

26. BCD **【解析】** 水泥进场时应对其品种、等级、包装或散装仓号、出厂日期等进行检查，并应对其强度、安定性及其他必要的性能指标进行复验，其质量必须符合现行国家标准《通用硅酸盐水泥》和《砌筑水泥》的相关规定。

27. CE **【解析】** 建筑安装工程费按照工程造价形成由分部分项工程费、措施项目费、其他项目费、规费、税金组成，分部分项工程费、措施项目费、其他项目费包含人工费、材料费、施工机具使用费、企业管理费和利润。

28. ABD **【解析】** 墙体的构造措施包括伸缩缝、沉降缝和圈梁三个方面。

29. ABC **【解析】** 热辐射光源有白炽灯和卤钨灯，其优点为体积小、构造简单、使用方便、价格便宜；缺点为散热量大、发光效率低、寿命短；用在居住建筑和开关频繁、不允许有频闪现象的场所。选项D、E属于气体放电光源的特点。

30. ACE **【解析】** 梁的正截面破坏形式与配筋率、混凝土强度等级、截面形式等有关，影响最大的是配筋率。

三、实务操作和案例分析题

（一）

【参考答案】

1. （1）该网络计划中，主要控制对象有基础工程、主楼主体、设备安装、装饰装修。

（2）计划工期为8＋16＋6＋11＝41（周）。

2. （1）事件一：可提出费用和工期索赔。

理由：地质条件变化是甲方应承担的责任，由此产生的费用及关键工作工期延误都可以提出索赔。

（2）事件二：可提出费用索赔，不可提出工期索赔。

理由：乙方费用的增加是由甲方原因造成的，可提出费用索赔；而该项工作的工期延误不会影响到整个工期，不能提出工期索赔。

（3）事件三：不应提出工期及费用索赔。

理由：乙方的窝工费及关键工作工期的延误是乙方自身原因造成的。

（4）事件四：不应提出工期及费用索赔。

理由：室外工程管线材料质量不合格是乙方自身的原因造成的，由此产生的费用和工期延误应由自己承担。

（5）事件五：不应提出费用索赔。

理由：乙方采取的加快施工的技术措施是为了赶工期做出的决策，属于自身原因。

3. （1）该工程可得到的工期补偿为3d。

（2）关键工作中，基础工程工期的延误已获得工期索赔。主楼主体工程工期延长3d，而装饰装修工程工期缩短了1周，其余非关键工作的工期拖延对总工期无影响，总工期缩短了4d，故工期奖励对应的天数为4d，工期奖励款＝4×2 500＝10 000（元）。

4. 乙方应得到的索赔额＝15×18＋（10＋30）×30＋50 000＋20 000＝71 470（元）。

（二）

【参考答案】

1. （1）建设单位将门窗单独发包不合理。

（2）理由：根据《建设工程质量管理条例》，发包人不应将应当由一个承包单位完成的建设工程分解成若干部分后，分别发包给不同的承包单位（或答：该门窗发包属肢解发包，门窗也应与甲施工单位或总承包单位签合同）。

2. 交叉作业安全控制要点如下：

（1）交叉作业人员不允许在同一垂直方向上操作（或：要做到下部作业人员位置处于上部坠落物可能坠落半径范围之外）。

（2）当不能满足要求时，应设置安全隔离层进行防护。

3. 石膏板安装施工方法中的不妥之处及正确做法分别如下：

（1）不妥之处一：石膏板横向铺设。

正确做法：石膏板应竖向铺设。

（2）不妥之处二：隔墙两侧面板对称逐层安装，填充隔声、防火材料逐层跟进。

正确做法：先安装好一侧面板，再进行隔声、防火材料填充，最后封闭另一侧面板。

（3）不妥之处三：先固定石膏板四边后固定板中部。

正确做法：石膏板固定应从板中部开始，向四边固定。

4. 室内环境污染物浓度再次检测时，其取样抽检数量应增加 1 倍（或：双倍取样），并应包含原不合格的同类型房间和原不合格房间。

（三）

【参考答案】

1. （1）评标小组的做法正确。

（2）在投标过程中，不可作为竞争性费用的项目分别有安全文明施工费（或安全施工费、文明施工费、环境保护费、临时设施费）、规费和税金。

2. 中标价格＝（分部分项工程量清单合价＋措施费项目清单合价＋其他项目清单合价＋规费）×（1＋税金）＝（8 200＋360＋120＋225.68）×（1＋3.41％）≈9 209.36（万元）。

3. （1）10d 罕见特大暴雨停工索赔成立。

理由：罕见特大暴雨，认定为不可抗力，工期延误属建设单位责任范围，应予以补偿。

（2）3d 季节性降雨停工索赔不成立。

理由：季节性降雨是作为一个有经验的承包商可以预见的事项，造成工期延误属施工单位应承担的范围。

4. （1）施工单位不同意再次挖开检查的做法不合理。

理由：承包人覆盖工程隐蔽部位后，发包人或监理人对质量有疑问的，可要求承包人对已覆盖的部位进行钻孔探测或揭开重新检查，承包人应遵照执行，并在检查后重新覆盖恢复原状。

（2）工期索赔 2d 不成立，工期索赔 6d 成立。

（四）

【参考答案】

1. 事件一中不妥之处及正确做法分别如下：

（1）不妥之处一：木工棚内配置了 2 支灭火器。

正确做法：根据相关规定，该类区域应每 25m^2 配置一支灭火器，区域面积约为 90m^2，应至少配置 4 支灭火器。

（2）不妥之处二：场区消防水进口只有一处。

正确做法：根据相关规定，场区消防水源进口至少需要两处，所以再增加一处水源进口。

(3) 不妥之处三：仓库的手提式灭火器直接置于地面。

正确做法：灭火器顶部距离地面高度应小于 1.5m，底部距地面高度应大于 0.15m。

(4) 不妥之处四：消防车道宽度 3.5m。

正确做法：根据相关规定，临时消防车道的净宽度和净空高度均不应小于 4m，因此应加宽车道。

2. 工人施工作业前，施工现场的消防安全管理人员应向施工人员进行消防安全教育和培训。消防安全教育和培训应包括下列内容：

(1) 施工现场消防安全管理制度、防火技术方案、灭火及应急疏散预案的主要内容。

(2) 施工现场临时消防设施的性能及使用、维护方法。

(3) 扑灭初起火灾及自救逃生的知识和技能。

(4) 报火警、接警的程序和方法。

3. (1) 事件二中，施工单位的做法不妥。

(2) 同一厂家生产的同一品种、同一类型、同一生产批次的进场材料应根据相应建筑材料质量标准与管理规程、规范要求的代表数量确定取样批次，抽取样品进行复试。钢筋质量验证时材质复验的主要内容包括：屈服强度、抗拉强度、伸长率和冷弯。

4. (1) 建设单位提出的工程竣工资料移交的要求不妥当。

(2) 正确做法：装饰装修工程属于分包工程，实行施工总承包的，各专业承包单位应向施工总承包单位移交施工资料，施工总承包单位应向建设单位移交施工资料，监理单位应向建设单位移交监理资料。工程资料移交时应及时办理相关移交手续，填写工程资料移交书和移交目录。

《建筑工程管理与实务》押题模拟试卷（六）

一、单项选择题

1. A **【解析】** 砂浆强度等级是以边长为 70.7mm 的立方体试件，在标准养护条件下，用标准试验方法测得 28d 龄期的抗压强度值（单位为 MPa）确定。砌筑砂浆的强度等级可分为 M30、M25、M20、M15、M10、M7.5、M5 七个等级。

2. D **【解析】** 住宅卧室、起居室（厅）内噪声级：昼间卧室内的等效连续 A 声级不应大于 45dB，夜间卧室内的等效连续 A 声级不应大于 37dB；起居室（厅）的等效连续 A 声级不应大于 45dB。

3. A **【解析】** 多孔吸声材料：麻棉毛毡、玻璃棉、岩棉、矿棉等，主要吸中高频声能。

4. C **【解析】** 震害调查表明，框架结构震害的严重部位多发生在框架梁柱节点和填充墙处；一般是柱的震害重于梁，柱顶的震害重于柱底，角柱的震害重于内柱，短柱的震害重于一般柱。

5. C **【解析】** 梁端加密区的箍筋肢距，一级不宜大于 200mm 和 20 倍箍筋直径的较大值，二、三级不宜大于 250mm 和 20 倍箍筋直径的较大值，四级不宜大于 300mm。

6. A **【解析】** 验槽时应重点观察柱基、墙角、承重墙下或其他受力较大部位，如有异常部位，要会同勘察、设计等有关单位进行处理。

7. C **【解析】** 大体积混凝土浇筑时，为保证结构的整体性和施工的连续性，采用分层浇筑时，应保证在下层混凝土初凝前将上层混凝土浇筑完毕。

8. A **【解析】** 板、次梁与主梁交叉处，板的钢筋在上，次梁的钢筋居中，主梁的钢筋在下；当有圈梁或垫梁时，主梁的钢筋在上。

9. B **【解析】** 当受拉钢筋直径大于 25mm、受压钢筋直径大于 28mm 时，不宜采用绑扎搭接接头。

10. D **【解析】** 模板工程设计的主要原则有实用性、安全性、经济性，不包括耐久性。

11. B **【解析】** 不得在下列墙体或部位设置脚手眼：①120mm 厚墙、清水墙、料石墙、独立柱和附墙柱。

②过梁上与过梁成 60°角的三角形范围及过梁净跨度 1/2 的高度范围内。③宽度小于 1m 的窗间墙。④门窗洞口两侧石砌体 300mm，其他砌体 200mm 范围内；转角处石砌体 600mm，其他砌体 450mm 范围内。⑤梁或梁垫下及其左右 500mm 范围内。⑥设计不允许设置脚手眼的部位。⑦轻质墙体。⑧夹心复合墙外叶墙。

12. C **【解析】** 小砌块应将生产时的底面朝上反砌于墙上，小砌块墙体宜逐块坐（铺）浆砌筑。

13. B **【解析】** 装配式混凝土建筑施工前，应组织设计、生产、施工、监理等单位对设计文件进行图纸会审，确定施工工艺措施。

14. B **【解析】** 涂料防水层适用于受侵蚀性介质作用或受振动作用的地下工程；有机防水涂料宜用于主体结构的迎水面，无机防水涂料宜用于主体结构的迎水面或背水面，选项 A 错误，选项 B 正确。防水涂料应分层刷涂或喷涂，涂层应均匀，不得漏刷漏涂。涂刷应待前遍涂层干燥成膜后进行，每遍涂刷时应交替改变涂层的涂刷方向，同层涂膜的先后搭压宽度宜为 30～50mm，选项 C 错误。胎体增强材料的搭接宽度不应小于 100mm，上下两层和相邻两幅胎体的接缝应错开 1/3 幅宽，且上下两层胎体不得相互垂直铺贴，选项 D 错误。

15. B **【解析】** 每面墙不宜有两列（行）以上非整砖，非整砖宽度不宜小于整砖的 1/3，目的是保证整体观感效果。

16. D **【解析】** 同一品种的轻质隔墙工程每 50 间（大面积房间和走廊按轻质隔墙的墙面 $30m^2$ 为一间）划分为一个检验批，不足 50 间也应划分为一个检验批。

17. B **【解析】** 周围环境监测包括：①坑外地形的变形监测；②邻近建筑物的沉降和倾斜监测；③地下管线的沉降和位移监测等。

18. B **【解析】** 在同一工程项目中，同一厂家、同一牌号、同一规格的钢筋（同一钢筋来源的成型钢筋）连续三批进场检验均一次检验合格时，其后的检验批量可扩大一倍。

19. D **【解析】** 填充墙砌体砌筑，应在承重主体结构检验批验收合格后进行；填充墙顶部与承重主体结构之间的空隙部位，应在填充墙砌筑 14d 后进行砌筑。

20. B **【解析】** 检验批应由专业监理工程师组织施工单位项目专业质量检查员、专业工长等进行验收。验收前，施工单位应完成自检，对存在的问题自行整改处理，然后申请专业监理工程师组织验收。

二、多项选择题

21. ABDE **【解析】** 多层砌体结构材料脆性大，抗拉、抗剪、抗弯能力低，抵抗地震的能力差。在强烈地震作用下，多层砌体房屋的破坏部位主要是墙身，楼盖本身的破坏较轻，因此，必须采取相应的抗震构造措施。

22. ABDE **【解析】** 常用热轧型钢主要有工字钢、H 型钢、T 型钢、槽钢、等边角钢、不等边角钢等。

23. ACDE **【解析】** 缓凝剂主要用于高温季节混凝土、大体积混凝土、泵送与滑模方法施工以及远距离运输的商品混凝土等，不宜用于日最低气温 5℃以下施工的混凝土，也不宜用于有早强要求的混凝土和蒸汽养护的混凝土。蒸养混凝土是为了混凝土的早强，和缓凝剂的功能相反。

24. ABE **【解析】** 普通胶合板按成品板上可见的材质缺陷和加工缺陷的数量和范围分为三个等级，即优等品、一等品和合格品。

25. BCDE **【解析】** 基坑监测项目的监测频率应综合考虑基坑类别、基坑及地下工程的不同施工阶段以及周边环境、自然条件的变化和当地经验确定。

26. BCDE **【解析】** 对已浇筑完毕的混凝土，应在混凝土终凝前（通常为混凝土浇筑完毕后 8～12h 内）开始进行自然养护。混凝土的养护时间，应符合下列规定：①采用硅酸盐水泥、普通硅酸盐水泥或矿渣硅酸盐水泥配制的混凝土，不应少于 7d，采用其他品种水泥时，养护时间应根据水泥性能确定；②采用缓凝型外加剂、大掺量矿物掺合料配制的混凝土，不应少于 14d；③抗渗混凝土、强度等级

C60 及以上的混凝土，不应少于 14d；④后浇带混凝土的养护时间不应少于 14d；⑤地下室底层墙、柱和上部结构首层墙、柱宜适当增加养护时间；⑥基础大体积混凝土养护时间应根据施工方案及相关规范确定。

27. ABCD【解析】施工现场常见的重要的环境影响因素有：①施工机械作业、模板支拆、清理与修复作业、脚手架安装与拆除作业等产生的噪声排放；②施工场地平整作业、土、灰、砂、石搬运及存放、混凝土搅拌作业等产生的粉尘排放；③现场渣土、商品混凝土、生活垃圾、建筑垃圾、原材料运输等过程中产生的遗撒；④现场油品、化学品库房、作业点产生的油品、化学品泄漏；⑤现场废弃的涂料桶、油桶、油手套、机械维修保养废液、废渣等产生的有毒有害废弃物排放；⑥城区施工现场夜间照明造成的光污染；⑦现场生活区、库房、作业点等处发生的火灾、爆炸；⑧现场食堂、厕所、搅拌站、洗车点等处产生的生活、生产污水排放；⑨现场钢材、木材等主要建筑材料的消耗；⑩现场用水、用电等能源的消耗。

28. ABCD【解析】建设工程施工现场综合考评的内容，分为建筑业企业的施工组织管理、工程质量管理、施工安全管理、文明施工管理和建设、监理单位的现场管理等五个方面。

29. ABCD【解析】检验批质量验收合格的规定：①主控项目的质量经抽样检验均应合格；②一般项目的质量经抽样检验合格；③具有完整的施工操作依据、质量验收记录。

30. AB【解析】房屋建筑工程保修期从工程竣工验收合格之日起计算，在正常使用条件下，房屋建筑工程的最低保修期限为：①地基基础工程和主体结构工程，为设计文件规定的该工程合理使用年限；②屋面防水工程、有防水要求的卫生间、房间和外墙面的防渗漏为 5 年；③供热与供冷系统，为 2 个采暖期、供冷期；④电气管线、给排水管道、设备安装为 2 年；⑤装修工程为 2 年。其他项目的保修期限由建设单位和施工单位约定。

三、实务操作和案例分析题

（一）

【参考答案】

1. 不妥之处：项目部完成灌注桩的泥浆循环清孔工作后，随即放置钢筋笼、下导管及桩身混凝土灌注，混凝土浇筑至桩顶设计标高。

   正确做法：下导管之后进行二次循环清孔，混凝土浇筑超过设计标高至少 0.8m。

2. （1）事件二中项目部的做法不正确。

   理由：试样应该在同样条件下养护后测试，框架间距为 8m×8m 时，强度达到 75%后才能拆模。

   （2）拆模顺序：当设计无规定时，按后支的先拆、先支的后拆，先拆除非承重部分、后拆除承重部分的拆模顺序进行。

3. （1）不妥之处一：砌块生产 7d 后运往工地进行砌筑。

   正确做法：砌块应达到 28d 龄期再使用。

   （2）不妥之处二：墙体一次砌筑至梁底以下 200mm 位置。

   正确做法：正常施工条件下，砌块砌体每天砌筑高度不超过 1.4m。

4. （1）安全管理检查评定保证项目还应包括：安全技术交底、安全检查、安全教育、应急救援。

   （2）整改项目的正确做法：①电梯井口应设置固定的防护栅门；②电梯井内每隔两层（不大于 10m）设一道安全平网进行防护；③因脚手架高度大于 24m，应在外侧全立面连续设置剪刀撑。

（二）

【参考答案】

1. 计算工期为 4＋7＋11＝22（月）。

   关键工作有：A、E、H。

2. 总时差：工作 B：3 个月；工作 C：2 个月；工作 G：3 个月。

   自由时差：工作 B：0 个月；工作 C：0 个月；工作 G：3 个月。

3. 该施工网络进度计划调整为：

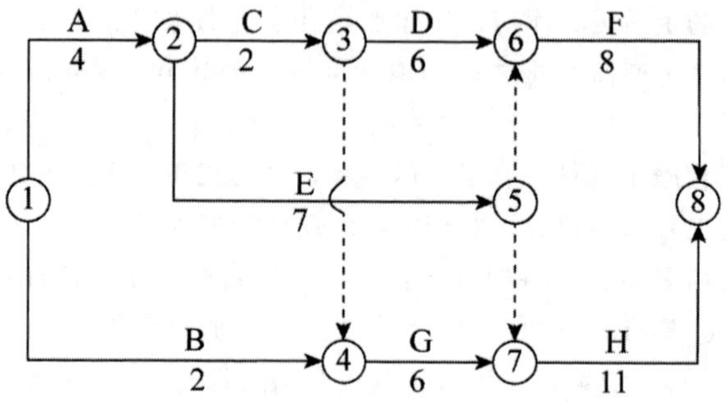

4. 施工单位提出的工期索赔不合理，费用索赔合理。

   理由：工作 F 有 3 个月的总时差，延后 1 个月对总工期没有影响，所以工期索赔不成立。

   由于施工单位 5 万元的损失是建设单位供应材料的质量问题造成的，所以费用索赔成立。

（三）

【参考答案】

1. （1）除税金外，安全文明施工费、规费在投标时也不得作为竞争性费用。

   （2）①直接成本＝人工费＋材料费＋机械费＋措施费＝390＋2 100＋210＋160＝2 860（万元）。

   ②间接成本＝企业管理费＋规费＝150＋90＝240（万元）。

   ③中标造价＝分部分项工程费＋措施项目费＋其他项目费＋规费＋税金＝人工费＋材料费＋施工机具使用费＋企业管理费＋利润＋规费＋税金＝（390＋2 100＋210＋150＋120＋90）×（1＋3.41%）＝3 164.35（万元）。

2. 施工现场安全警示牌的设置应遵循“标准、安全、醒目、便利、协调、合理”的原则：

   （1）“标准”是指图形、尺寸、色彩、材质应符合标准。

   （2）“安全”是指设置后其本身不能存在潜在危险，应保证安全。

   （3）“醒目”是指设置的位置应醒目。

   （4）“便利”是指设置的位置和角度应便于人们观察和捕获信息。

   （5）“协调”是指同一场所设置的各种标志牌之间应尽量保持其高度、尺寸及与周围环境的协调统一。

   （6）“合理”是指尽量用适量的安全标志反映出必要的安全信息，避免漏设和滥设。

3. 土方开挖过程中应检查平面位置、高程、边坡坡度、压实度、排水和降低地下水位情况。

4. （1）项目经理部的成本管理应包括：成本计划、成本控制、成本核算、成本分析、成本考核。所以，施工单位还应进行成本分析和成本考核工作。

   （2）成本核算三同步原则：形象进度、产值统计、成本归集。

（四）

【参考答案】

1. 因为：$H_A+a=H_B+b$，

   所以：75.141＋1.441＝H_B＋3.521，

   则：H_B＝73.061（m）。

2. （1）①不妥之处一：试验人员随机选择了一辆正处于等候状态的混凝土运输车放料取样。

   正确做法：应在混凝土浇筑地点随机取样。

   ②不妥之处二：留置了一组标准养护抗压试件（3个）和一组标准养护抗渗试件（3个）。

   正确做法：抗渗试件应为一组（6个）。

   （2）当一次连续浇筑超过1 000m^3时，同一配合比的混凝土每200m^3取样不得少于一次。该筏板基础混凝土总方量为1 980m^3，应至少留置10组标准养护抗压试件。

3. 100×1 000/2 350＝42.55（套），即42套。

4. （1）事件四中施工单位的做法不正确。

   理由：屋面防水工程的最低保修期限为5年。

   （2）建设单位做法正确。

   理由：施工单位不按工程质量保修书约定保修的，建设单位可以另行委托其他单位保修，由原施工单位承担相应责任。

   （3）修理费由原施工单位承担。